Break the Victimhood Addiction

解锁

打破受害者情结

［澳］克里斯·利亚诺斯 著

范鹏 译

如果你想创造繁荣、富足,以及令人振奋的生活,你需要摆脱旧的"受害者"思维,把自己从过去的阴影中解救出来。"受害者"思维无处不在,它阻碍着你的成长。它是唯一阻碍你发挥最大潜力和取得最大突破的东西。这是一种流行病,它正在扼杀我们的创造力、解决问题的能力和禁锢我们产生绝妙的想法,而似乎没有人在关注它。在本书中,作者试图打破"受害者"思维,为我们提供了一条超越它的个人成长路径。本书是对我们的潜意识和驱动我们不断前行的信念的深刻探索,能够帮助我们克服失败的恐惧、消除限制性信念并快速提升自信心。

Copyright@ 2022 by Chris Lianos.

Unchained: Break the Victimhood Addiction, by Chris Lianos, published by Columbine Communications & Publications.

This translation published by arrangement with Columbine Communications & Publications, Walnut Creek, California USA, www.columbinecommunications.com.

All rights reserved.

The Chinese edition Copyright@ 2022 by China Machine Press.

北京市版权局著作权合同登记　图字：01-2022-1905号。

图书在版编目(CIP)数据

解锁：打破受害者情结／(澳)克里斯·利亚诺斯(Chris Lianos)著；范鹏译. —北京：机械工业出版社，2022.6

书名原文：Unchained: Break the Victimhood Addiction

ISBN 978-7-111-70845-2

Ⅰ.①解… Ⅱ.①克… ②范… Ⅲ.①情绪-自我控制-通俗读物 Ⅳ.①B842.6-49

中国版本图书馆CIP数据核字(2022)第090407号

机械工业出版社(北京市百万庄大街22号　邮政编码100037)
策划编辑：坚喜斌　　　　责任编辑：坚喜斌　陈　洁
责任校对：王　欣　刘雅娜　责任印制：李　昂
北京联兴盛业印刷股份有限公司印刷

2022年9月第1版·第1次印刷
145mm×210mm·8.5印张·1插页·173千字
标准书号：ISBN 978-7-111-70845-2
定价：69.00元

电话服务	网络服务
客服电话：010-88361066	机 工 官 网：www.cmpbook.com
010-88379833	机 工 官 博：weibo.com/cmp1952
010-68326294	金 　书 　网：www.golden-book.com
封底无防伪标均为盗版	机工教育服务网：www.cmpedu.com

对本书的赞誉

克里斯的著作极具突破性。该书将带您走上最好的发现之旅：自我发现之旅。如果您厌倦了无休无止的求索，乐见生活回归正途，《解锁》就是您需要的那本书。

——兰迪·盖奇（Randy Gage），全球畅销书
《疯狂的天才》与《彻底重生》的作者

"您并不残缺，无须修补。"克里斯·利亚诺斯的《解锁》以独特的手法在有关受害和破坏方面实现了诸多突破。结合专注与信念，您将找到走上正确的成功之路的新方式。我极力推荐这本书。

——肖恩·迪佩隆（Shawne Duperon），博士、诺贝尔和平奖提名候选人

"这本书让我爱不释手！请准备重新思考、重构或重启那些让您深陷受害者心态不能自拔的核心基础信念吧。克里斯·利亚诺斯的论述处处透露着令人深思的真知灼见！他将向您展示如何通过接受现状进而创造自己梦寐以求的及更为重要的理应获得的生活，重获您的力量。"

——丽娜·罗马诺（Rena Romano），作家、播客主持人、TEDx演讲家、《奥普拉·温弗瑞秀》的嘉宾

解　锁
打破受害者情结

　　读到这本不同凡响的著作的前言时，我脑海中首先想到的是我最喜欢的乐队"休易·路易斯与新闻"的一首热歌《我想换种新药》。这首歌写的是爱及做真正的自己。这本书全面呈现了全世界都在过度服用的一种药物，即"受害者"。现在到了舍弃那种亢奋，回归真正的自我（可能的自我）的时候了。克里斯会触到您的痛处但也会直入您的内心，向您展示如何再现辉煌，更重要的是，过上您值得拥有的生活。

——豪尔赫·梅伦德斯（Jorge Meléndez），导师/咨询师、
《诀窍，忘却之路》的作者

　　克里斯·利亚诺斯的著作非常实用，令人深思。该书能够帮助希望成功的人实现自主，从而克服失败的恐惧、消除自限性信念并快速提升自信心。

——丹尼尔·托尔森（Daniel Tolson），基因百倍增长策略（100 X DNA）
的创造者、《富豪新贵如何赢得销量和思想解毒》的作者

　　《解锁》一书充满真知灼见，作者克里斯·利亚诺斯提供了有关受害者思维难题的各种知识，这真的令人兴奋。该书探讨了从人们熟知的成功之路（与您想象的并不相同）到让人对自己的能力产生自我怀疑、挂着受害者幌子的僵尸末日等一系列问题，让人大开眼界。这本"方法"满满的著作指出了人们走出受害者循环所需要的突破口。如果您有意帮助什么人学会自助（尤其是您就是那个需要帮助的人），读读这本书吧！这本书不可不读！

——格雷格·威廉姆斯（Greg Williams），谈判大师、身体语言专家、
《掌握谈判》和《看透》的作者

对本书的赞誉

克里斯·利亚诺斯的著作揭示了释放人们先天潜能的关键所在。《解锁》一书会让您以批判的眼光审视自我从而弄清楚自己的妄自菲薄之处，开阔您的眼界从而弄清楚自己有何可为，还能为我们这个世界做出怎样的贡献。如果您正为赢下人生这场博弈而跃跃欲试，那就读读这本书，践行其理念，创造奇迹吧。

——詹姆斯·E.特拉普（James E Trapp），
世界牧师统一会总裁、《拿回自己的未来》一文的作者

除非您认同自己应有尽有，否则您永远过不上自己值得过的生活。在《解锁》一书中，克里斯展示了他对如何打破受害者情结、消弭潜意识操控及拿回自己的权力以创造人生的所思所想。

——丽莎·希门尼斯（Lisa Jimenez），教育学硕士、心态教练、
《重建心态》与《征服恐惧》的作者

哎哟……这本书里的某些观点是您不想看到的。不过，您需要看看这些见解，这也正是我如此喜爱这本书的原因。

——杰米·洛奇（Jaime Lokier），《为世界留下一段传奇》
和《领导力网络》的作者

毫无疑问……《解锁》一书可能会带您去往某些地方。由于走近那些地方可能有些令人不适，您已经许久没有造访过那些地方了。不过，这正是克里斯大作的美妙之处。他不仅揭示了我们往往迁就于外来"安排"而不寻求自己掌控这一事实，而且还描绘了一段所有读者都可以开启的旅程。在此旅程中读者可以重新走向成功，挽回失败并最终实现自己的宿命。

——维多利亚·桑戴克（Victoria Thorndyke），
一个默默无闻而又固执己见的人

献　词

本书献给三个人。

献给我的妈妈和爸爸，是你们成就了今天的我。你们教了我很多东西，有些东西当时就显而易见，而有些东西直至今日我才恍然大悟。谢谢你们！

献给我的阿莱尼，你是我美妙的灵感、爱、闪耀的光……

亲爱的，你就是我创作本书的原因。

你是我亘古不变的爱。

谢谢你！

前　言

当您坐在上传我有限责任公司的等待室里时……

请想象以下场景。

未来的某天，您变老了，头发更灰白了，而您戴的假牙还是很老旧的那种。

您环顾四周，好像一切都不太公平。全世界都消除了饥馑，医疗领域取得了根除癌症、艾滋病、一年到头的流感等疾病的突破，甚至新冠肺炎疫情引发的恐慌看起来不过是历史长河中的一个小光点而已。点个按键，您想要的知识马上就能下载到您的大脑之中。一切都变得轻轻松松。您会忍不住想问问如今的年轻人是否知道自己多么幸运。

您小时候什么事儿都没这么轻松。

那些该死的时间都去哪儿了？

您什么时候真的变老了？

您不得不承认，即便和您一样年老的人也喜欢最新的高科技产品。上次您在街上跟鲍勃聊天时，他刚刚下了订单，要买一个极其灵活又富有异国情调的安卓产品。

"我一个人生活，"他边说边冲您诙谐地眨了眨眼，"你

解 锁
打破受害者情结

想要吗？我能帮你谈个好价钱。"

在您的记忆中，以前的问题是穷得只剩下了时间。当时，在这个问题的刺激下，为了支付账单，您开始一个人干好几份工作。可是，现在您又遇到了一个新问题：身体消耗殆尽后剩下了太多时间要打发。您的大脑一切正常。事实上，利用上传我有限责任公司这种地方的上传技术，您可以实现长生不老。

至少，宣传手册上就是这么跟您承诺的。而且，该公司还保证无效退款——具有讽刺意味的是，如果上传失败，您也活不到领退款的时候了。

问题不再是人终有一死。相反，现在的问题是难求一死。这么多时间怎么打发？如果死亡不再令人担忧，还有什么好担忧的呢？

这是一个让人目瞪口呆的新世界，一个上传而来的世界。在这个世界中，您诸事顺意，心想事成。想飞往月球、殖民火星或开发马里亚纳海沟沟底吗？这些事情都没问题。想跟爱因斯坦、意大利的比约神父或耶稣对话吗？可以，至少您可以跟这些人的数字版对话。

如今，这个世界因为某种超意识云技术而变得纵横交织，这种技术使人类可以将自己的记忆、意识都上传到这一云端。

人们真的实现了长生不老。

当您坐在上传我有限责任公司的等待室里等着把记忆、

前言

意识上传到云端时，您对这一切陷入了沉思。

在数字中获得永生。

......

这种未来听上去像是科幻小说吗？也许您就是这么想的。还是那句话，人类一切重大的进步在成为科学事实之前听起来都像科幻小说。相关证据并不遥远：太空飞行、核磁共振仪、克隆和3D打印。

我们朝着乌托邦社会前进的速度尚不可知。不是因为战争、饥馑或疾病，相反，是因为一个像病毒一样的词，一个占据所有人甚至最智慧者心灵的术语。您会问我："一个词？怎么可能就因为一个词？一个由几个字母拼成的词怎么可能造成这样的力量动荡？"（是的，我是《星球大战》迷。还有，第7~9集不是真正的《星球大战》。）

它不是一个普通的词。它是所有藐视成长、扼杀发明、削弱才智、鄙夷人类前行行为的集中体现。这个词让您砍倒我们的引领者，损伤所有走上了比您更有效道路的人，鼓足风帆带您奔向平庸之地。

这个词就是"受害者情结"。

受害者情结指的是一种认为自己不够优秀、别人都比自己强的执念。您觉得别人比自己更强、更聪明、更有教养、更有能力、更漂亮，当然也绝对比您更富有。受害者情结这一观念要求您接受以下前提：您不够聪明、不够富有或不够成功不是您的错，您只是没那么幸运。

解 锁
打破受害者情结

这是一种谬论。

这个世界上出身比您差但飞黄腾达的人随处可见，出身豪门但最终一无所有的人同样比比皆是。

参加励志研讨会或登录"油管"（YouTube）网站找来您最信任的大师，他们一定会竭尽所能帮您克服这一令人泄气的想法，让您振作起来。

您猜怎么着？

您有这种想法并没什么错。

另一方面，这种想法完全不对！

您瞧！受害者情结绝不只是一个词而已。人们对受害者情结的瘾泛滥成灾，而人们同样执着于这一问题的解决。因为觉得自己处处不如别人，所以您希望有什么办法能帮您觉得比别人更强。

这种解决方案从哪里找呢？

您可以在个人发展行业（或人们更常说的"自助行业"）中找到它。

您需要更好的目标吗？

您需要帮助才能找到自己的目标吗？

您需要更明确自己的目标吗？

您需要应对妨碍您的信仰危机吗？

您需要应对自己的父子情结吗？

您需要应对自己的母子情结吗？

您提出任何问题，自助行业都能帮您找到解决方案。

前言

最近我为接受我咨询的客户发了一个视频，主题是"内在功课太多有害吗"。我的基本假设是，您停留在感觉残缺、需要修补的心态中越久，您越难实现自己的目标——即便您正练习冥想、记日志或释放负面情绪和限制性信念。

过度关注内在功课是陷入受害者思维的绝佳模型。您从未真正开始行动，而一旦失败，您就可以指责咨询师。

不过，这里存在一个陷阱。当您振作起来，明确了目标，采取行动处理自己的问题时，您对自己又恢复了信心。您树立了需要您进一步努力的新目标，而一旦您再度开始自我怀疑，那种自鸣得意就会开始消退。一想起这事儿您就浑身颤抖，您心中暗自疑惑："我觉得问题已经解决了，可问题怎么又来了呢？"那种兴奋消失了，受害者情结卷土重来。

如果我实现不了自己的目标怎么办？

我为什么不够出色？

我为什么不开心？

为了变得更好所做的努力值得那种失败感造成的痛苦吗？

要是我不够出色，那怎么办？

如果被人拒之门外怎么办？

您寻求的那种解决方案——就好像一种药物——不仅关乎个人发展。

您好像又回到了那种恶性循环之中，如图 0-1 所示。

解　锁
打破受害者情结

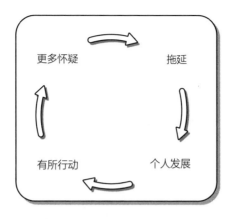

图 0-1　受害者情结中的恶性循环

但是，真实的情况往往是：

- 怀疑使您拖延。
- 您寻求个人发展以解决拖延问题。
- 最终您有所行动。
- 行动不够或不足以实现目标。
- 不经意间您再度自我怀疑。

您必须摆脱这一令您更加自我怀疑、感觉无力实现心中所愿的循环。本书会告诉您怎么做。

不过，为什么戒掉受害者情结之瘾如此重要呢？

在开头部分，我描绘了一个乌托邦社会。在那里，科技与人类并存，您可以上传自己的意识并通过数字技术获得永生。这种社会有可能得以实现。一个没有饥馑、没有战争、没有疾病或衰退的世界有可能实现。不过，这并非板上钉钉的事情。要实现这种成长和进步，伟人们需要协同一致，需

前言

要打造处理一路上的障碍所必需的韧性。

我希望您就是那样的伟人。

这种伟人不能屈服于受害者情结。他们不能以牺牲必做之事为代价而沉浸于寻求那种自然激素带来的兴奋。

这种伟人不能是某个支持团体或线上聊天论坛的成员,后者只会象征性地鼓励一下别人。

小家伙,没事,坚持住。

小可怜,我知道您肯定很难过。

有我扶着您,您就不那么痛苦了。

没错,彼此安慰非常关键;然而,寻求慰藉或空谈问题都无法解决问题,行动才能解决问题。即便是治疗师,也会跟您说改变是您自己的责任。空谈不值钱。

唯一的前行之路就是戒掉这种瘾症,这样您才能过上自己想要的生活。

只有您才能决定现在是否就是合适的行动时机。

您还没受够一直被人视为"一个有潜力的人"吗?潜力很廉价,这个星球上每个人都很有潜力。潜力不会让您鹤立鸡群。

潜力让人懒惰。

这话太难听?我给您解释一下。

我相信,如果您像我那样看一下自己的人生经历,您会发现,很多时候您都不会付出百分之百的努力,因为您知道没必要如此。比如,您必须要做一次展示、某项工作任务或家里某件事,事实是,您不会百分之百投入,因为您知道用一半的力

解　锁
打破受害者情结

气就能完成这些事情，结果您用了更长的时间才完成该项任务，或者相关结果没达到您的最高水平。潜力是一张人人都有的安全网。成大事者和希望成大事者之间的区别在于：成大事者会拼尽全力，直至自己的安全网可能破裂。他们不断努力，几乎跨越自己舒适区的边界，因而能够创造非凡成果。

您最杰出的成就就在您的前方，但前提是您必须做出剔除受害者情结的艰难决定。

如果您同意我写的一切，那我就辜负了您。我希望您能利用自创的或重新发现的新的积极信仰体系提出疑问，思考并做出决定。

如果您完全不同意我写的内容，您就辜负了自己。为了表示异议而表示异议是一种懒汉思维。蓄意阻挠一点儿也不难。难的是跨越阻碍去实现创造。

现在还没到您急流勇退的时候。无论您今年多大年纪。

最重要的是，您值得去创造。

现在到了您打破受害者情结的束缚，创造一个受成长、信念、同情及才智驱动的世界的时候了。

重拾您的力量，创造一个您朝思暮想、值得您拥有的世界吧。

在本书中，我会跟您分享几个我的客户的案例，这样您就可以看看跟您一样的人是如何重拾自己的力量。为保护他们的隐私，本书用的是他们的化名，不过他们遇到的挑战是真实的，而且您对此类挑战可能也非常熟悉。

好吧，我们现在就开始吧！

目 录

对本书的赞誉
献　词
前　言

第一章　远离成功之路　　　　　　　　　　/ 001
第二章　活过僵尸末日　　　　　　　　　　/ 030
第三章　谁扼杀了您的梦想?　　　　　　　/ 056
第四章　目标的实现依靠行动　　　　　　　/ 085
第五章　您还不是克隆人　　　　　　　　　/ 109
第六章　您的行为让问题久拖不决　　　　　/ 130
第七章　面对您的魔鬼　　　　　　　　　　/ 162
第八章　平衡之说纯属鬼话　　　　　　　　/ 181
第九章　愿您不会重蹈覆辙　　　　　　　　/ 199
第十章　完成宿命之信念　　　　　　　　　/ 238
你们激励了我　　　　　　　　　　　　　　/ 254

01

第一章 远离成功之路

我第一次上他的车——确切地说,一辆让陌生人望而生畏的面包车的时候,年仅20岁。虽然当年我也不是一个无知少年,但也绝没有自己认为的那样精明。谁会那么胆大,敢上他的车呢?

我,而且我那么做是为了钱。

等等!事情不是您想的那样。

那天晚上,我最好的朋友邀我过去看一场商业展示,他觉得那种生意能让他毫不费力就发大财。

讲台上的那个男人非常富有,是的,你猜得没错,他就是那个开车接我的人。他跟我们介绍的生意叫作网络营销。

如果您不太了解这种商业模式,想想安利或康宝莱公司。通过组建销售某种产品的经销团队,它们给人们提供了致富的机会。产品卖得越多,您拿到的佣金就会越多。您靠自己发财致富,工作时间自己定,搭档自己选。

解 锁
打破受害者情结

谁不喜欢这样的机会呢，对吧？

他给我提供了一个机会，据说每天都能收到大量剩余收益流，要做的事情很少而乐趣很多。

我在一个低收入家庭长大，因此这事儿听起来就像美梦成真。

说一下我的家庭背景：1969年我父母从希腊移民到了澳大利亚，但好运并未跟随他们而来。母亲一直身体不太好——她在我出生之前就一直病着——但还是坚持在一家玻璃厂工作了几年。怀上我弟弟之后，母亲就只能待在家里做全职妈妈了。在希腊的时候，父亲是一个很成功的旅行代理商。移民后，他迷上了奥运会。当时，他有个梦想：参加1976年的蒙特利尔奥运会，然后飞回希腊做生意，资助我们在悉尼的生活。他的梦想没能实现。在悉尼歌剧院做架子工的时候，父亲摔了下来，伤了后背。事故发生后，他再也没能稳稳当当地做过任何一份工作。

我无法想象父母当年有多难。家里刚刚添丁（父亲摔伤时我还在襁褓之中），三年后又有了我弟弟，但由于医院的失误，弟弟双目失明。我是在住房委员会（政府资助住房）长大的。尽管我们并未破产也不是无家可归，但我知道家里没什么可支配收入可用来度假或给彼此买昂贵的礼物。

所以，您可以想象当遇到这个能实现财务自由的机会时，我有多么兴奋。我想都没想就上了那辆面包车。

我想象着自己坐在海滩上，品着鸡尾酒，妻子待在旁边,远处夕阳西下,海浪拍打着我们的双脚。

面包车没开多久,我们就到了那个商人的家。我永远忘不了下车后看到他家时的情景,他家的豪宅就像 J. J. 艾布拉姆斯的大片中的某个角色一样轩昂伟岸。

不过,最让我震撼的是他家那条又长又漂亮的私家车道及车道尽头停着的那辆奔驰轿车。我指着那辆亮闪闪的汽车说:"我也想要这种车。"

我感到有什么重要的事情即将发生,内心知道自己要做出一个需承担后果的选择。我要么回家步父亲的后尘,要么改变自己的命运。我几乎能感觉到一种平庸的生活正朝我招手,让我靠福利过日子,让我不用追逐梦想。那是一条轻松的人生路。

但是,我不希望走上那条轻松的人生路。我想要的是钱。

房子的主人朝我笑了笑。毫无疑问,他知道鱼儿已经上钩了。随后,他带我们走了进去。那天晚上剩下的事情我已经记不清了。我买了很多产品,就此下海,从此被套牢。

20 岁的我踌躇满志,笃定自己到 25 岁时就能成为百万富翁。

对我来说,那个傍晚是一个决定性的时刻。虽然 25 岁的我并未成为百万富翁,也没能利用那次机会做成什么事儿,但做那种生意的 18 个月给了我一个难得的教训。

解　锁
打破受害者情结

贴标签

我希望您思量一下您的人生,看看是否有那么一刻,您当时或事后回想时意识到了重要的事情即将发生。

> 只要您愿意投入,
> 实现梦想不是梦。

那是一种您到了岔路口的感觉。

如果您经历过那样一个时刻,您可以回顾一下,看看一个简单的决定如何塑造了您的余生。

也许当时您说的是"可以",也许当时您大声嘶喊着"绝不"。

也许那一刻的到来源于您某次镜中自照,您意识到自己不喜欢镜中的自己,该减减肥或终结那段恋情了。也许那一刻您看到的是眼中升腾的火焰,那种为了自己想写的书、想做的陶瓷生意或梦寐以求的医药事业而升腾的火焰。

这种时刻构成了我们生活的向心力。

生活中有些时刻更为令人感伤。它们定义了我们,更准确地说,是我们让它们定义了我们。在此过程中,我们给这些时刻贴上了标签,标签上的内容赋予了它们更深刻的意义。

这是一个多么了不起的时刻!

第一章 远离成功之路

这一刻太可怕了!

您有没有注意到自己给生活中的某些时刻贴上了多少标签?来看看我在自己生活中粘贴的几个标签(我应该给标签上的字用粗体强调一下):

- 这个客户**很棒**。他总能坚持到底。
- 这个客户**很糟糕**。他从来坚持不下去。
- 我**很胖**,因为我体重超过 85 公斤。
- 我**体型很好**,因为我体重介于 83~85 公斤之间。

我每次粘贴标签都有正当理由。

很棒的客户让我兴奋。糟糕的客户让我沮丧。

给我们经历过的每件事用一个描述词加上标签,这样我们就知道什么时刻值得记住而什么时刻值得忘却了。举例来说,注意今天上班路上过去了多少辆红色轿车是件无聊的事情。无聊就是一个标签,而我们倾向于忘却无聊的事儿。

本书要写的是那些定义我们的时刻,还有那些我们视为自身身份的标签。

标签从来都无法真正表现您的全部。标签当然能够对您进行描述,但它能定义您吗?除非您主动被它定义。

您的问题在于您是否相信这一标签。一旦您认定这一标签真实无误,您就不得不活在这一描述中。

如果您考虑一下上面我列出来的标签,那么我接受肥胖这一描述词就不算什么问题了。是的,可能我照照镜子,发

解 锁
打破受害者情结

现自己比自己希望的样子更圆润了一些。不过,如果我相信肥胖就是自己的身份,那么我肯定会竭尽所能维系这一身份,包括做跟我希望的相反的事情——减肥。

如今,这一标签已经变成了一个我必须活在其中的对自己人生的定义。在现代社会,最有害的标签就是受害者。

对于治愈受害者的追求变成了心理健康界及整个自助行业构建其帝国的基石。

好好想想吧。

最严重的失权感不正是源于人们是环境的受害者这一观念吗?

考虑以下人尽皆知的情形:

- 老板不喜欢我,所以我工作做不好。
- 我的配偶出轨了。我造了什么孽啊?
- 我家孩子染上了毒瘾。要是我这个做父亲的能做好一点儿就好了。
- 赚钱对我来说一直都很难。我永远幸福不了。

在这个世界上,每天这种话会被人说上几百万遍,这些声音汇聚起来,变成了"我真可怜"的嘶喊。

如果您跟我实话实说,像我一样,您肯定说过这些话,至少说过类似的话。

人们很容易相信自己是一个受害者。除非,也许,我是说也许,您根本不是一个受害者。

第一章 远离成功之路

人们可能会陷入极其可怕的境地,但定义我们的并非那些事件本身。定义我们的是我们对这种事件的看法及我们赋予它们的意义。

2006 年,我惹恼了自己的经理。当时,我在一家大型电力公司担任团队主管。我犯了错。但由于太自负,我拒不认错。因此,经理对我进行了绩效管理,连续 6 个月,我每两个星期都必须去见他,跟他汇报我的行动、业绩和未来计划。如果我达不到他那严苛的优异标准,我就会被炒鱿鱼。

当时我觉得自己就是受害者。我觉得被欺负、被骚扰,而且我的主张也被无视。

现在我对这件事有了不同的看法。它迫使我保持高度专注,尽职尽责,从而塑造了今天的我。从多个角度来说,这一事件从正面塑造了我的人生。

只是,2006 年时我的感觉并不是这样的。

有时候我们想为自己的境遇进行辩解。不过,我们越希望为自己的境遇辩解,就越可能给自己贴上受害者的标签。

很久之前我常跟我的私人客户说一句话,我希望您也能采用这种说法。将这一理念付诸实践将极大地改变您对令您最头疼的问题和境遇的看法。

跟一个我称之为西蒙的客户对话时,情形是这样的:

他摇了摇头,说:"克里斯,我在金钱方面有点儿麻烦,我这辈子一直为钱发愁,好像绝大多数时候我赚的钱都不够付账单。即便我赚了些钱,也守不住。我的钱都花在了一堆

解 锁
打破受害者情结

对我毫无用处的东西上面。"

"我明白您说的问题。可是，您为什么那样做呢？"

"我父母的榜样太糟糕了，他们从没教过我怎么管钱。情况一直如此。"

"哦，好吧。请听我说，不过这些话您可能不太爱听。"

"请说吧。"

> 您过于关注您的问题了。从现在起不要太在意您的问题，因为您的幸福和成功有赖于此。

"我不在意您的问题！我喜欢和尊重的是您这个人，但我一点儿也不在意您的问题。如果您能少在意一点儿您的问题，问题就会消失得快一点儿。"

这话是不是不太中听？如果您正试图为自己的境遇辩解，那就打住！这种辩解模式就是很好的证明，说明您已经贴上了受害者的标签。意识到这些不起眼的标志将给予您极大的赋权。

有些客户听进去了，而有些客户消失了，我们再也不会相见了。我知道这种说法确实不那么好听。

生活中您不也是这样吗？对于自己的问题，您给予了太多关注，花费了太多精力，不是吗？思考这些问题您花了多少个小时？这些思考帮您找到解决方案了吗？问题解决了吗？

布鲁斯的故事

布鲁斯是一个被我完全说服的典型例子。受焦虑困扰多年后，布鲁斯找到了我。他是乡下一个上了些年纪的男人，此前曾用多种方法尝试解决这一问题，希望自己能更镇定、更自信一些。他知道自己的问题伤害了家人，这让他更觉得辜负了家人，也辜负了自己。

这种焦虑带来了一种负面的后果：有好几年——再也找不回来的宝贵的好几年——布鲁斯一直不相信自己能够胜任任何事务。这几年他一直觉得让妻子非常失望。更糟的是，这几年他一直觉得自己让自己非常失望。我能感受到他的痛苦。

20多岁时这事儿就不算小事儿，因为这么多自我怀疑会让您的人生丧失活力。那么，再想想如果您已经70多岁且自我怀疑了几十年，您会有什么感受。

我们谈话时，我能听得出他话里话外的痛苦。他一边哭一边坦承自己不知道还能承担多少，或者他的妻子还能忍多久。布鲁斯的妻子竭尽所能帮助他多年后，给他下了最后通牒："把你自己收拾好，我再也受不了了。"

布鲁斯和我讨论了他的焦虑问题、这一问题给他的生活敲响的警钟，还有他一直以来的恐惧感。我问布鲁斯是否接受焦虑是他生活中一个永恒的部分，因为他的答案对他的下

解锁
打破受害者情结

一步行动至关重要。

布鲁斯说"是的"。焦虑已经成为他身份中一个永恒的部分。他对自己的定义就是他是一个焦虑的人。那个因焦虑而痛苦的布鲁斯不见了,现在他是焦虑者布鲁斯。

考虑一下接受焦虑这一症状(或者抑郁、自我怀疑、感觉无望、恐惧或任何让您觉得不如别人的感受)并用这一标签定义自己会有怎样的影响。一旦您那么做,您没得选择,只能尽力生活在这一标签带来的全新身份之中。

布鲁斯无法想象没有这种让人丧气的焦虑的生活是什么样子的。我想让他摆脱这一假身份。

他跟我谈了他生活中的种种戏剧性场面、那些证明他的焦虑不仅真实且合情合理的理由,以及那些随之而来的创伤。听完后,我问他:"您爱焦虑比爱您妻子还要多吗?"

焦虑变成了一个不断困扰他的难题,克服焦虑、超越焦虑、摆脱焦虑都需要一种看待该问题的新视角。

恰当的提问可以让您明白如何促成这种转变。

您问的问题是否恰当,或者说您的问题是否又把以往重塑了一遍?

您是否采纳了您的问题带来的身份,认为自己再也离不开这一身份?如果是的话,现在就该明白自己已经获得了一种新的身份。

值得赞许的是,布鲁斯没有挂断电话。我本来以为他可能会挂断电话。他不会是第一个对我说"您说话太直接"的人。但是，出于关爱，我告诉了他真相。所以，我问了他一个比"你感觉怎样"重要得多的问题。

他停下来考虑了一下——认真地考虑——我提的问题。

他试探地问："您的意思是说我觉得焦虑比我的婚姻更重要，是吗？"

我能听得出来他语气中的质疑及背后的一丝期望。我知道他是在反思："这次我找对人了吗？"

"是的，"我说，"您把自己定义成了一个焦虑者而不是一个正经历焦虑的人，这一身份正在威胁您的婚姻和您的幸福。"

我知道自己还没说服他。我只是开了个头，事情还没完。

在咨询过程中，我帮他认识到，在他的生活中他很多时候都很强大或很成功。比如，工作中他获得升职的时刻、他搂着孙子的时刻，以及每次他看着妻子并在妻子眼中看到爱的时刻。

我们一起解决了引发他焦虑的恐惧问题，但真正的突破在于他决定接受一种新的身份。我帮他重拾了力量，看到了一个比以前习惯于焦虑思维的自己拥有更多力量的全新自我。

我看得出，在咨询期间他有了重大改变。他的声音变得更加坚定。他觉得自己更强大也更有能力了。

他的新身份开始建立了。

解　锁
打破受害者情结

几个星期后我对他进行跟进时，他跟我说自己不再焦虑了。他说他意识到自己以前花了太多时间考虑焦虑问题，停留其中，并且把自己埋在情况永远不会改变这样的想法之中。布鲁斯说他决定换种方式看自己。

他待在花园的时间变长了，而且他在那里非常开心。如今，他忙着在家里修修补补，而以前他对这些问题视若无睹。现在，他会专门花时间陪妻子。这些新的行为极大地改变了他看待自己的方式。

他做了一个新的决定，他不想在焦虑这件事上花这么多时间了。他觉得生活比焦虑更为重要。

布鲁斯曾给自己贴了一个失权标签，而且曾经开始相信这一标签。我指出他太在意自己的问题时，他并没有生气，没有咆哮、吼叫、喊叫或指责我不理解他，他只是认可了自己的信念体系是造成该问题的原因。他决定再也不做一个受害者了。这一认同的改变——从受害者变成胜利者——还要求行为方面的改变。他开始表现得像一个不焦虑的人的时候，他就成了一个不焦虑的人。

布鲁斯的改变始于换种方式看自己的决定，通过自己行为的改变来改变事实。如果他不改变以前的行为，他就不会真正地改变。

我们当中的很多人不正是这样吗？我们列出自己希望改变的所有行为、需要终止的行为及我们希望为自己做的正面选择。我们提出了完美的计划，但从未完整地实施过那个计划。

您是否写下过一整页新年愿望,结果却发现您在一月末写在日记里的这一页愿望变成了又一张待办事项清单?

问题并不是您不知道要做什么;相反,问题是您该做的事情都没做。然后,您开始指责自己不够优秀、是个失败者、辜负了自己、未能发挥自己的潜力。

> **受害者情结之镜**
>
> 然后,您开始指责自己不够优秀、是个失败者、辜负了自己、未能发挥自己的潜力。
>
> 您的受害者情结正是由此而来。

只说自己希望改变是不够的。您必须表现出您希望做出改变。您必须进行改变。您必须有意识地把自己的行为变成能创造自己所希望生活的行为,从而重获自己的力量。

还有,当事情不如意时,当您难免遇到挫折时,做出一种新的回应、拥有一种新的行为绝对至关重要。

请看下例。

比如,您计划把本周减0.5公斤体重作为新的生活方式选择的一部分。不幸的是,这一周简直像一场灾难。在那场欢送会上您吃了太多碳水化合物,后来跟朋友聚餐时又喝了太多酒。称体重时您惊讶地发现自己居然长了0.5公斤。

过去,您可能会坐下来再喝一杯霞多丽酒来浇愁,或者

解 锁
打破受害者情结

指责镜中的自己不够坚强,没能减 0.5 公斤体重。您会对自己说:"如果我连这都做不到,怎么可能实现人生中真正的重要目标呢?"

及时进行了一番自责后,您再次承诺下次好好表现。唯一的问题是,您知道这是逃避。在内心深处,有关您将如何表现的故事您讲了几千遍。您知道自己有潜力,而且您可以做到,那您为什么不去做呢?您的失败已经成为一个自我实现的预言。

您觉得自己就像在跟一个无形的怪兽作战,它不顾一切地要让您一直胖下去。

奇怪的是,这一战斗还让人觉得挺高尚。

有些东西——任何东西——可以任由您责骂,会让您觉得了不起,因为,如果您能打败敌人,您就值得实现目标并取得成功。

您觉得在有权拥有自己想要的东西之前,这种努力是一个无形但必要的奖杯。因而,这种努力,这一战斗让人感觉是一种恰当的行为。

事实上,您正在实践受害者思维,只是没有意识到而已。

您的力量在于您需要努力证明自己值得实现自己的目标。只有那样,您才能开启成功之门。

您必须改变这种认同,必须有意识地做出改变这一认同的决定。关于这一点,您可以参考受害者思维循环,如图 1-1 所示。

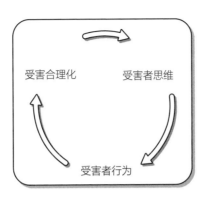

图1-1 受害者思维循环

以上述减肥故事为例（见图1-2）。

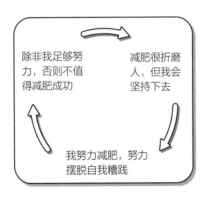

图1-2 受害者思维循环的事例

您怎样才能打破这一循环？

您下次再注意到自己的体重时，如果您不再垂头丧气，只承认那不是自己想要的结果会怎样？如果您追踪过您本周的行为，您很容易就能弄清楚要做出什么改变才能使您重回正轨。

如果您认为减肥就像跑马拉松而不是短跑，那么这次体

解　锁
打破受害者情结

重的增加就只是个挫折而不是长期的失败。

这一思维方式符合您作为一个有方法的人的新身份。在生活中，您有没有在什么方面接受了一个失权的标签？有没有在什么时候，由于您非常习惯于某个问题，您不再质疑造成这一问题的基本观念？

诸如以下观念：

- 我的问题是永久性的。
- 我的问题很难解决。
- 我的问题很难理解。
- 我无法改变这些行为。
- 我没有选择。
- 我没有力量。

事情不必如此。

就像布鲁斯一样，您可以下定决心，认为自己不再是该问题的受害者，从而重获自己的力量。您再也不会接受这一现状，同时会找到一个解决方案并加以应用。

您是一个有方法的人，这就是您的新身份。

如果您想快速改变自己的世界，就需要您理解这一概念。

> 我们描述自己所遇到问题的方式带来了我们的问题，并且导致这些问题无法解决。改变这一描述，问题就不会那么严重。

"可是,克里斯,如果像您说得那么容易,我们为什么还是毫无进展呢?"

这是一个非常重要的问题。为了回答这个问题,我想先跟您说说抱负因素。

抱负因素

您的潜意识天生希望获得更多东西,如更多愉悦、更多成长或您晚上 11 点喜欢吃的那种薯条。是的,这还包括更多的痛苦。

我知道这听起来很荒谬。人类的潜意识天生就希望人类获得更多痛苦?真的吗?

人类一直在扩张,总是希望获得更多的东西。

即使在您阅读本书的这一刻,坐在某个有计算机的房间中的某个人正试图找到克隆某个躯体的方法、在火星上建立可居住气泡舱、合成某种新药、将人类大脑与运动的太空飞船连接(好吧,这可能有些超前,不过,重要的是,确实有人正这么想)或找到新的延续寿命的方法。

我们忍不住想占有、拥有或尝试更多的东西。我把这种持续不断的扩张和成长的需求标记为抱负因素。

抱负因素让您整夜难以入睡,一直盯着《罗博报告》(一个很棒的激发您致富思维的杂志)上那些有钱人的照片。

您渴望变得伟大,同时,您怀疑自己永远无法变得伟大。

解　锁
打破受害者情结

有一个与抱负因素有关的问题，一般来说，目标过于远大会让您感到泄气。

以下是一些我在客户身上注意到的抱负因素令人失权的典型想法：

- 我的目标太难实现。
- 我的动力永远持续不了那么久。
- 那些有钱人肯定有些非凡之处。
- 我缺乏取得成功所需要的人脉。
- 我生在了一个错误的家庭。

现在，想象一下，如果这些想法及无数类似的想法继续在您的大脑中进行自我对话，那会如何？也许您已经意识到了这些想法，但大部分时间您都不知道自己正在说这种令人失权的话。

它们都是一种对您的潜意识发出的直接指示——不，是一种命令——它们会让您产生更多的内心斗争，而这种斗争会让更多的这种自我对话持续下去。

那么，您是如何让消极的自我对话持续的呢？

您自我损害，您拖延，您想方设法不采取行动。

该写报告时，您想起了自己很渴，然后在电视机前面晃来晃去等着看那场橄榄球赛的比分。您觉得自己很无辜。

该做每天的个人发展练习时，您想起了前一天晚上有封至关重要的电子邮件没发。打开电子信箱只需要那么一小会儿，而这一小会儿却变成了 30 分钟，结果您的个人发展练习一直没空做。

我们太容易陷入分心的陷阱了。

与此同时，您觉得自己不得不向前看，因为有一个无言的功成名就的承诺就在下一个转弯处等着您。

有关您的想象，有一个很有趣的事实。您的大脑对想象和现实的反应方式非常相似。科罗拉多大学博尔德分校的一份研究⊖发现，"新的脑成像研究表明，想象某个威胁与经历该威胁时活跃的大脑区域十分相似。这表明想象可能是一种克服恐惧症或创伤后压力的强大工具。"

换句话说，渴望更加优秀、想象自己的目标的行为容易让人着迷。您可以坐在自己的起居室里想象自己开着新买的劳斯莱斯幻影。既然您的大脑无法区分某段想象中的高度浸入式的体验与真正的经历之间的区别，那么，您就可以侵入您的神经系统，觉得自己想象的东西就是真的。

不过，实话实说，不论您想做什么，需要获得某种结果的真正工作要比坐在椅子上想象成功更加困难。

渴望实现自己的目标这件事情听起来合情合理，但实施起来十分困难，这是很多人未能开展必要行动的一个主要原

⊖ University of Colorado at Boulder. "Your brain on imagination: It's a lot like reality, study shows." Science Daily. Science Daily, 10 December 2018.

解　锁
打破受害者情结

因。虽然人们有意工作，但一旦这一工作不再令人兴奋反而像是某种苦差事，人们就会放弃自己的梦想。

这使前文所述受害者思维循环得以持续。那么，是什么原因使人们身陷受害者思维循环呢？

人们深陷其中不能自拔，是因为他们追求的是成功后的那种感受而非成功本身。

那种情绪可能是骄傲、幸福、满足或其他积极感受。

这种区别很重要。如果实现自己的目标是绝对必要的，那么您在这一过程中的感受就无关紧要了。如果您曾经养过新生儿，您会对此心知肚明。您的目标是养活孩子，让他安全、干干净净或感觉被爱。他在凌晨三点尖叫时，您感受如何无关紧要。您醒过来，起床，身心痛苦地凑到婴儿床边，看了一眼他的脸，然后把自己的感受忘了个干干净净。让他安静和舒适是唯一重要的事情。

您是这样对待您的目标的吗？或者，您的目标是否更像可有可无的好东西而非必需品？

人们非常在意旅程中的感受以致看不到目的地。感觉舒服非常简单。只要您坐下来想象，渴望某种愿景，然后看到这一愿景即可。您一直感觉良好……结果您睁开眼睛，意识到一切都没有改变。

您必须行动起来。

在前言中，我说过专注于自己的潜力是懒惰的表现。那么，依赖于抱负因素同样如此。

以受害者为导向的思维仅专注于在旅程中体验积极感受的需求。

以成就为导向的思维专注于目标而无视质疑、怀疑或不确定性。同时，它要求您有所渴望并采取行动。

您花了多少时间用于想象自己的成果，渴望实现这一成果及实施自己的计划？如果您把大部分时间都花在了这样的活动上，那么，现在您应该知道自己为什么没有收获自己的成果了。

比较陷阱

您购买的产品、参与的事件——书籍、音频节目、研讨会或在线会议——都为您实现目标提供了路线图。例如，如果您想倒卖二手房，您可以购买一门有关如何这么做的课程。这门课程不会替您倒卖二手房，也不会考虑您每次倒卖中可能遇到的种种情形。该门课程只是一种指导，一个有关如何倒卖二手房的路线图。自助行业中所有产品本质上都是通用的。产品生产者会尽最大的努力服务于最大的潜在用户群。

如果您把某个通用性的答案当作个人问题的解决方案，那么，您会遇到麻烦。

是的，说的就是您。

不幸的是，当证明书被用于证明某个产品的可行性时，

解锁
打破受害者情结

人们很容易陷入比较陷阱。基本理论如下：如果某个产品生产者能够展示充分的科学证据，而且您也能看到像您一样的男人或女人取得了成功，您就会更倾向于购买这个产品。

您对自己说："如果这个产品对他们有用……它对我也可能有用。"

这一说法漏掉了一个关键因素——一个您凭直觉就知道但可能会忽视（因为这样做毫不费力）的因素。

> 这一关键因素就是实现目标所需要的真正的、必要的行动。

您也许购买了一件产品，该产品的销售商向您承诺一定能帮您达到自己的目的。但是，如果您没有无论如何都要实现自己目标的坚定决心，购买该产品就是浪费金钱。

我知道，您非常清楚努力工作的重要性。如果您有孩子，您就很有可能教育过他们每天要好好努力。

对您来说同样如此。如果您相信某个您可能从未谋面的人创造的产品能抵消您需要做出的必要努力，您就是在自我糟践自己的目标。

不知怎么，看到一份证明书时，我们会觉得，或许我们需要做的工作没么难且该产品能多多少少分担我们取得成功要承担的责任。

大部分人希望事情能容易些。

不要误以为容易些更好，它不会让您不凡。米开朗琪罗在创作著名的《大卫》雕塑作品时没想过是否应该容易些。他创作该作品是因为他受到了这样做的鼓舞。

这项任务的难或易无关紧要，重要的是这份工作本身。

如果您成功的决定基于您的感受如何或这份工作多么容易，那么您会失败。带着这种心态，自我怀疑和犹豫不决会取代您的动力，而您会放弃。

您要采取所有必要的行动去取得成功。而且，您会找到相关办法。

如果您在跟他人进行比较时感觉自己缺乏成就且会被人指指点点，您就一下子掉进了这个陷阱。

> **受害者情结之镜**
>
> 如果您在跟他人进行比较时感觉自己缺乏成就且会被人指指点点，您就一下子掉进了这个陷阱。
>
> 您的受害者情结由此而来。

比较陷阱很微妙，因为它包含着这样一个规律：别人的行动中有一条通往您的目标的道路。是的，别人可能实现了您给自己定的减肥目标、得到了您渴望的那种恋情或存够了您梦寐以求的银行存款，但如果您不看前因只看结果，您就会错过最重要的那个因素：行动。

走向成功

我的终极目标在于帮助您得到您想要的结果。为了获得这一了不起的结果,您必须弄清楚影响您决定和行为的所有因素。

这些因素之一就是您是结果。

当您受到周围世界的影响时,您所有的力量都留在外部。您的成功有赖于新的外部工具。咨询师或大师掌握着您成功之前所需要的力量、解决方案、产品和服务。

当然,我们凭直觉都能觉察这一谎言。这是永远无法实现的承诺。这就像一次糟糕的约会。刚开始的时候一切都那么光彩夺目,但最后只落得阵阵头痛,凌晨两点时还要靠吃大蒜汉堡缓解那无法避免的宿醉。

我们非常清楚,外部的一切都解决不了问题——都无法真正解决问题。但是,在抱负因素的摆弄下,我们跌入了比较陷阱。

我们急于找到一种更简单的解决方案,只要按照该方案,我们就能一步步实现自己的目标。我们希望咨询师或大师能了解这些。我们迫切地想找到这一方案,会抓住任何让我们觉得有希望的东西。

当您把对生活或行为的责任转交他人时,您就变成了一种结果。

第一章 远离成功之路

如果您长久以来一直是一种结果，您会觉得自己无力进行改变。您会觉得自己很弱小，无法独自完成任何事情，除非别人允许并监督您的行为以确保您会取得成功。

您觉得自己无关紧要，什么都控制不了，您会消失然后被遗忘。

您担心自己的问题有一个秘密的解决方案，只是您不够强大、不够聪明或不够优秀，所以您找不到这一方案。

作为一种结果，您会感到迷失。

与作为结果相反的就是成为起因。

成为起因后的情形就像您在大洋上行船，即使您无法控制洋流，您也肯定能够控制风帆及船舵的位置。您可以朝着选择的方向乘风破浪而行。

您觉得应该对自己的生活及希望创造的东西负责。您从感觉失权变成了感觉被赋权，从迷失变成了按部就班，从放弃自己的目标变成了对自己的生活负责，从不了解自己的成功之路变成了决意找到自己的路。问题被全部搞定。

成为起因意味着您明白自己在有生之年中的角色，您意识到了自己的行动创造了现在的生活，而且您具有责任感，对自己希望经历的未来负责。

信念驱动行动继而创造相关结果。这便是成功的公式，如图1-3所示。

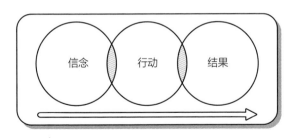

图 1-3　成功的公式

信念指那些您历来信以为真的核心想法。它们并不一定具有客观真实性，只是对您而言是真实的，因此，所有经历——您的整个人生——都是完全主观的。即便是那些人们普遍接受的信念（我们都认为是真实的想法，如天空是蓝色的），也是主观的。我们知道天空不是蓝色的；事实上天空是黑色的，只是由于大气层的存在，天空看上去才是蓝色的。哪种信念是真的呢？回答是，对您而言真实的信念。您所有的行动都取决于您选择什么作为您的信念。改变您有关任何话题的信念，您的行动也会立刻发生改变。

成为起因——您的信念对于您的目标就会具有赋权性和支持性。

至关重要的想法包括：

- 我总能找到方法。
- 我没有被这一目标定义。
- 不论这一目标怎样，我都是成功的。
- 该做的我一定做到。

第一章 远离成功之路

- 我值得成功。

我的客户们往往会说:"可是,克里斯,我对自己有很多限制性想法。我该怎么办?"

通过选择成为起因及对自己的生活负责,您改变了其他事情所依赖的信念,从而造成了一种不同的结果。

如果您选择了正确的信念,工作起来就会充满动力。

> 不过,我要提醒您,承担起因的责任可能有风险,因为它可能被误解为指责。

负责任并不是让您对生活不如意的方面自责。

去年我遭遇了一场车祸,我想说那不是我的错。当时,我在自己的车道规规矩矩开着车,另外一辆车突然并入了我的车道并导致我的车发生了侧翻。事实上,那是我妻子的车。

我应该对那起事故负责吗?从逻辑上来说,不该。理性会告诉我那不是我的错。当时我没办法避开。

不过,真的如此吗?如果我当时开得再慢点儿或更快点儿,就不会发生这场事故。如果我早点儿或晚点儿出发,那场事故也不会发生。如果我停车加油,那场事故也不会发生。

我决定为此负起责任,因此,我问自己:"我怎样表明这一点呢?"没有谁指责谁。落入指责模式标志着您陷入了

解　锁
打破受害者情结

以受害者为导向的思维。我真可怜，我是个失败者，我什么都做不好，全是我的错……

如果您开始有上述这种想法，那就要留意改变这些想法。您可以将这种想法转换成起因和肯定：

- 我能够改变。
- 我很坚强且执着。
- 错误是对成长的一种衡量。
- 所有成功都基于曾经的失败。

我请您玩一下起因游戏，并且请您阅读本书时秉持一种新的信念：您是自己所有经历的创造者。

这意味着您的人生是一幅织锦，每一刻您都在用您的思想和行动在编织这一织锦。

虽然我希望您能让成为起因作为您的生活方式，但最终您都可能重回老路。

此时会产生一种有趣的副作用，您会有被赋权的感觉。

我请您接受全部责任，尽管这样做看起来有些不理性。

准备成为一个更强大、更负责任、更成功的自己吧！

游戏计划

为巩固您在本章学到的知识,我希望您能完成以下部分。

希望您认真思考每个问题,花点儿时间为自己构思一个靠谱的答案。这样做能把这种知识嵌入您的潜意识,帮您开启重获力量这一转型之旅。

◎ 问题1　您曾尝试过怎样的成功之路?如今您会怎样做?

_____

_____

◎ 问题2　为实现您的新目标,您拥有/需要什么资源?

_____

_____

◎ 问题3　您的人生曾变成什么结果?　如今您如何成为起因?

_____

_____

◎ 问题4　您能否列出曾做过的两种强化受害者情结的行为?如今您会怎样做?

_____

_____

02

第二章　活过僵尸末日

妈妈走了

2016年元旦。我和妻子阿莱尼手挽手走在悉尼布莱顿沙滩上时,我的手机响了起来。

父亲说:"我叫不醒你妈妈。"

我记得自己的双脚好像粘在了沙滩上,那曾经令人心情舒畅的海风声和海浪声立刻变成了背景音。我永远忘不了那一刻。眨眼间,人生本来是一个样子,下一刻,一切都变了,变得不再真实,我眼睁睁看着改变自己一生的变化的出现。

我木然地重复着:"您叫不醒妈妈?"

虽然周围人来人往,整个世界好像以某种怪异的方式暂停了下来。慌乱中,我看了阿莱尼一眼。

我想快跑,又想停下来,又想给什么人打电话。在阿莱尼的眼中,我能看得出来她知道发生了什么,但她的话是为了缓解我的痛苦，让我觉到一线希望尚存。

"也许她只是昏迷了，"阿莱尼说道，"来吧，我们走。"

我们赶到汽车旁边时，她问我："他叫救护车了吗？"我想他应该叫了。我给弟弟打了电话，他已经知道消息了。我们告诉他会接上他一起去父母家。

我们到他家时，他正等在门外，眼中满是悲伤。

我记得，在路上的时候我想给父亲打电话，但妻子拉了拉我的胳膊阻止了我。

"别烦他了，"她轻轻地说，"如果事情有变化，他会给你打电话的。"

您曾有过那种内心感觉发生了非常糟糕的事情而您只能干等结果的感受吗？那是一种完全无助的感受，其中又掺杂了一丝丝希望，希望自己（只是也许）到那边时也许会听到不一样的消息。

她昏迷了但没有危险。

她犯了心脏病，但被救过来了。

诸如此类。

只是，在那寂寂无声的内心深处……我心里什么都知道。

妈妈去世了，一切都要变了。生活再也不一样了。

我们转过街角时，两辆救护车和一辆警车停在路边。

当时我还盼望能有另一种解释，这时我看到父亲坐在前门外，眼泪顺着脸颊不断往下流。就在一瞬间，他变成了几个小时之前那个男人的躯壳。

解　锁
打破受害者情结

我抱住了他,他用希腊语说着,"妈妈走了。"就这样,妈妈走了。

晚上我偷偷往他房间里看了一下,他趴在书桌上,头埋在胳膊里,一辈子都整理得井井有条的各种文件散落了一地。看到父亲在那一刻停止了内心斗争,看到他崩溃,听到他哭泣,我的心碎了。

阿莱尼告诉我,一年后我才真正能接受母亲的离世。我记得那一年我经常神情恍惚。我会对着电脑屏幕发呆,完全没有时间观念。除了我自己的悲伤,我还非常担心父亲。他的健康也有问题。我们的全科医生来给妈妈开死亡证明时告诉我他还以为要给我的父亲开证明。

也许她的猝然离世是一件好事。我不希望她过世之前受罪,不,我根本不希望她离去。

我们往往不会把父母当作也有自己生活的人。您知道,妈妈就是妈妈,爸爸就是爸爸。他们就是妈妈和爸爸而已。近来,我发现了一些父母20多岁、30多岁时候的老照片。照片上,他们在妈妈的家乡阿姆菲洛希亚的海滨公园摆着姿势拍照,脸上带着幸福的微笑,背景中的海洋飞扬着朵朵浪花。当时他们很年轻,很有活力,前面的日子还很长。我看着照片上的他,心想,他们当时有些什么梦想呢?他们希望过上怎样的生活呢?他们对自己以前的生活感到开心吗?

对我来说,母亲的离世是一种分界式的经历。一边是那些我父母年轻时的照片及那种代表他们余生开端的幸福,另

第二章 活过僵尸末日

一边则是那种美满生活切实的永远的终结。

生死跟打破受害者情结有什么关系呢？

在妈妈离世后的这些年中，我非常怀念她给我们的世界带来的东西。她那非凡的厨艺、富有感染力的微笑及她那种想都不想总是以家人为先的做事方式。

我对自己很失望，因为我只知道她是我的母亲，我从未拿出时间真正把她当作一个人来了解。例如，她的厨艺天赋——她那些能让任何食物都非常美味的烹饪技巧。随着她的离世，那些东西也都消失了。有没有什么她一定要教但我永远无法得知的东西？如果我以前花时间学会了她的秘诀，那如今她留在我身上的印记就会更深刻一些。

如果我们积累的那些见识无法传承，我们的智慧和知识还有什么意义？

我最喜欢说的一句话是，这个世界上最富有的地方就是墓地。跟人们一起下葬的是永远无法实现的梦想、永远无法写完的著作、永远无法吟唱的歌曲及从未开始的生意。

将您独一无二的天赋带到这个世界上是您神圣的责任。这个行星上任何人的思维方式都跟您不同。任何人看待这个世界的方式都跟您不同。您是独一无二的，您与众不同。

我们都能从您身上学到东西，除非您接受与世界分享自身这一责任。

我们并非在寻找下一个苹果公司或微软公司、下一个毕加索或斯蒂芬·金。

解 锁
打破受害者情结

> 我们在等待您的现身。

也许您天生善于做很好吃的意面酱,或者善于与丈夫沟通,从而让夫妻关系更亲密。也许您天生善于发现思维中的谬误或构思新主张并使其简单易懂。也许您能为某首美妙的情歌填写歌词或教别人变得坚强或找到人生方向。

也许您正在做世界上最重要的工作且做得很棒。

现在,您应该与别人分享自己。您不应埋没自己的天赋。

活着保证不了任何事情

我看到一个越来越明显的趋势。

这一趋势就是,人们相信活着在某种程度上能保证我们(无论我们想要什么)有机会实现自己的目标。互联网上那些相关模因强化了这一信念。

指责克洛克和桑德斯

有两个著名的模因,分别跟麦当劳和肯德基的创始人雷·克洛克和桑德斯上校有关。这两个人都是到了中年才开始创建自己的全球企业的。

他们的故事及类似的故事(另一个例子是爱迪生试验了

几千次才发明电灯泡)都激励着我们,提醒我们还有时间实现自己一直以来追求的梦想。不过,这些故事也可能造成很大的伤害,因为具有讽刺意味的是,它们传递了以下信息:

还有时间。

您可以再等等。

它们让您相信:无关紧要的、前后不一的习惯是可以改的,您仍然能够实现自己的目标。

对大部分人来说,这些有关大器晚成的励志故事并不那么励志。它们创造了某些令人暗暗怀疑自我的喘息空间。它们宣称人们仍有机会的理由十分消极:看,等待对桑德斯这样的老人有用,那么等待对您可能也有用!

因此,就算您整天睡大觉也没关系,因为到最后关头您还有可能获得额外的时间。

- 它会让您得过且过、拖延、找借口或转而做其他事情,因为您始终有时间。
- 在奈飞节目中大吃大喝也没关系,因为明天又是新的一天。
- 今天的事情明天做也没关系,因为明天之后又是一个明天。
- 今天得非所愿也没关系,因为您可以明天再改。
- 这次对妻子大吼大叫没关系,因为您可以道歉。
- 无视孩子没关系,因为您很累,而且以后可以补偿他们。

- 有挫败感没关系,因为半小时后上完那门自助课您就好了。
- 把让自己幸福的责任转嫁给别人没关系,因为明天您可以拿回来。

> 活着什么都保证不了,只能保证您有机会。

这就是有保障时间造成的有害幻象。

如果桑德斯没那么晚才成功就好了。这是他的错。他毁了其他人的机会。他把时间变成了一种资产而不是我们再也买不到的商品。

如果我们把时间看作一种限量款商品,我们会做出不同选择吗?

我们会利用好每一刻,针对我们最重要的个人和职业目标采取行动吗?

营销家们几十年前就懂这一点了。为了刺激您购买他们的产品,他们引入了时间有限这样的说法。这很有用。试看下面两个例子:

- 前 10 名购买者有奖励。
- 您有 59 分钟时间领取您的快速行动折扣。

您想现在就采取行动,因为您不想错过机会。

不幸的是,我们不会那样生活,是吗?我们有的是时间。我们总还有机会。

通过把我们现在想采取的行动变成未来的行动，我们能够隐藏自己的受害者思维。

- 我参加完这场有关创业的网络研讨会再处理自己对创业的恐惧问题。
- 等孩子们大点儿，能懂得我为他们做的这一切的时候，我再修补跟他们的关系。
- 等发动机盖上的锈真的严重了再说。

把当前的行动转换成未来的行动，我们就能晚点儿面对那种泄露我们的恐惧和不安的情绪。我们推迟这种痛苦，因为我们觉得还有时间来处理这一问题。

这就是我们给自己的说法。

结果就是，我们很少能实现自己的人生目标，因而觉得自己不够成功，没能达到曾经设想的那种生活高度。

我们总是相信明天，如此就有时间修补自己的生活。

> **受害者情结之镜**
>
> 结果就是，我们很少能实现自己的人生目标，因而觉得自己不够成功，没能达到曾经设想的那种生活高度。
> 我们就是这样身陷受害者情结的。
> 您的受害者情结正是由此而来。

还有一个让我愤怒的模因。

每天您都会有 86400 秒,从未改变。唯一的麻烦是这一天天的时间无助于您的目标的实现。

那又怎样?这一模因能让我想到的就是明天我还有更多时间。今天实现不了的事情都可以放到明天去做。

现在,考虑一下另外一种情况。

如果墙上挂着一座显示您寿命的倒计时钟会怎样?比如,你的寿命是 103 年,共计 37595 天。仅此而已!如果您能活到 103 岁,您有 37595 天可以消耗。

您活一天,这一数字就会少一天。

这是一个有限的数字。

它终会到头,就像那天下午我的妈妈一样。

活着保证不了任何事情。

活着并不会让人在某个时刻自动获得成功,您必须努力才行。时间一年年过去,多年后当您回首往事时,您会问自己:"我活着的时候有激情、目标或投入吗?我的人生重要吗?"

只盯着各种任务,您一定会觉得自己的人生并不重要。您现在是为了某个重要目标而努力工作还是应付各种任务呢?

一个让您激情四射的目标会推动您走过那些您在成功之路上一定会遇到的失败。

如果您只知道对照清单逐一完成任务,那么,您的人生就不会圆满。

怎样才能让您的人生有意义,值得您今天有幸吸入的每口空气?

就在这一刻,某处某个您不认识的人正咽下他们这辈子最后一口气,希望自己还有一天时间可以说"我爱你"或"对不起"。他们正在反思自己浪费的那些岁月,想那些他们从未实现的目标和梦想,因为他们缺乏追求自己真正想要的东西的勇气。现在,他们愿意不惜一切跟您交换角色,只是为了明天有机会呼吸,有机会睁开双眼,追求自己内心最深处的愿望。

您的时间没您想象得那么多。不要再觉得自己长生不老了,为您的生活注入激情和目标,并且认真投入吧。请珍视您的人生。

我是个乐观主义者。假定您能够活到103岁,您打算在余生做些什么呢?

打住!如果您刚刚产生了以下想法,您就错过了要领。

- 我还年轻,有的是时间。
- 我年龄太大了,现在才尝试有什么意义?

如果您还年轻,那么利用好您可以支配的这些岁月;否则,您会后悔。

如果您已经年老,那么利用好您还可以支配的岁月;否则,您会后悔……甚至更加后悔。

两种情况，相同的建议。很有趣，是吗？

希望用最少的力气做事情是人的本性。事实上，您的潜意识天生就秉持这种观点：经由阻力最小的道路追求自己的目标。

追求轻松

我们习惯于让别人为我们提供最简单有效的方法以实现自己的目标。我们在以下方面向别人寻求帮助：

- 信念
- 后果
- 熬夜
- 确定性
- 跟进
- 早起
- 责任
- 起床
- 锻炼

真相如下。

如果您决定不采用书上、课程中、研讨会上或咨询师给的解决方案，您不成功的原因就在于您自己。您希望该方案能适合您而不用您做该做的事情。这绝不可能。

个人发展领域只是一幅巨大的寻宝图。它能为您指明财富之路，告诉您要避开的区域，但这条路必须由您来走。您必须实施相关策略和技巧，必须跟自己的恶习和魔鬼做斗争，从而改变这一切。

当然，必要的时候获得更多信息、观点或指导也很重要，但如果您空有一身本领但什么也不做，就会一直得到某种结果。

往往，您会利用手头上的资源还是拒绝它们，决定因素在于您认定的自己的身份。您的身份是什么呢？

您是得偿所愿的成功人士还是在奋斗的斗士？或者，您介于二者之间？

问一下自己，您为何还没接受另一种身份？如果您总能得偿所愿，您为何不接纳奋斗者这一身份？如果您正在奋斗，您为何不接纳成功者这一身份？

虽然答案可能一目了然（如果我还在奋斗，显然我没得到自己想要的一切，因此这不可能是我的身份），我希望您再仔细看看。

更有可能的是，作为一名成功人士，您在某些方面还需要奋斗，即便您还在奋斗，您在其他领域可能已经取得了成功。

您对身份的选择基于您认为的真实的东西，而身份会塑造您所做的一切。

要知道，人们会竭尽全力，包括失去生命，以维系自己认为真实的身份。他们愿意战斗、杀戮、破坏、撒谎或欺骗以维系定义其存在的身份，哪怕要为此耗尽一生的时间。

如果您把受害者当作自己的身份，您会捍卫自己作为一名受害者的权利，拒绝任何可能与此相悖的东西。身份会胜出，永远如此。

> 如果您把受害者当作自己的身份,您会捍卫自己作为一名受害者的权利,拒绝任何可能与此相悖的东西。身份会胜出,永远如此。
>
> 您的受害者情结正是由此而来。

莎拉的故事

莎拉在澳大利亚从商时曾寻求我的帮助,她发现自己走了这样一条路。莎拉是一家小型会计公司的行销部经理,但不太会进行有效沟通。每次发表看法时,她都觉得团队成员不待见她,说她太吵或太傲慢。

此外,大家都跟不上她的语速,因为她说话太快且一口气说出来的看法太多。莎拉有很多想要跟大家分享的计划,但就是无法获得团队成员的青睐,而且也没法跟他们和睦相处,这让她无精打采且毫无动力。

我们谈话时,她崩溃了,并且跟我说,这辈子人们一直抱怨她听不进去别人的话、做事唐突、说话声音太大、盛气凌人,而且似乎缺乏同情心。更糟的是,说这些话的人也包括她自己的家人。莎拉质疑自己,怀疑自己无力改变这一切,于是只好屈从于某种可悲的必然性——这就是她的命运。

第二章 活过僵尸末日

对于她的家人和同事的反映,公平地说,我发现莎拉很容易对别人进行判断,很难赞赏别人。总而言之,莎拉的职业不圆满。

莎拉给自己贴上了以下身份:一个不善于沟通,并且缺乏耐心、喜欢对别人进行判断的受害者。

我看到的情况并非如此。我看到的是一个充满活力的女性,只是因为被生活粗暴对待而丧失了积极的信念和希望。希望是韧性和毅力当中一个神圣的成分。如果我们拥抱自身处境能改变的希望,相关诊断就会逆转,减肥就会成功,恋情就能得救,而且有钱支付账单。为此,我们做自己该做的。一旦我们失去希望,我们的光芒就会黯淡下来,而我们的内心斗争也会偃旗息鼓,甚至改变的可能性也会消失。

跟莎拉谈话时,我发现了隐藏在她内心更深处的一种痛苦,一种比其他痛苦更剧烈的痛苦。

"克里斯,"她说,"如果没人爱我,我会觉得自己很失败。"

我追问道:"为什么?"

她解释说:"我父母的婚姻非常成功。"她擦了擦眼泪,说道:"这是我的一个目标。我一直觉得很孤独,这些持续不断的批评让我觉得我不值得被爱。别人不接受真正的我。"

莎拉的自尊源于她在工作中的成功,一旦她的工作能力受到质疑,她就会觉得自己不配获得幸福。

意识到自己的潜意识在作怪后,莎拉去看了咨询师,花

解　锁
打破受害者情结

了一些时间进行深深的反思，而且还试过用记日志的方式来处理自己的情绪问题。莎拉采取了行动但没得到自己渴望的结果。

我开始为莎拉提供咨询服务时得知她可能会失去一次晋升的机会，她向我坦承她感觉自己已经接受了再也无法获得自己渴望的成功和爱这一事实。

在接下来的六次会面中，我帮莎拉彻底重构了她的自我认同。她意识到了自己身上存在一种极其无意识的行为，即她借助愤怒、悲伤、恐惧、伤害、内疚、羞耻及憎恨等消极情绪以确保自己不会变得脆弱。对莎拉来说，脆弱就相当于死亡。

莎拉摆脱了这些情绪并因此发现了自己的新能量和信任高度。我还帮她摆脱了她不配获得自己渴望的成功和爱这一限制性信念。我教了莎拉高超的沟通技巧，她可以利用这些技巧跟家人、朋友和同辈建立更为有效的关系。她不仅找到了跟同事和客户互动的新方法，而且还学会了如何真正倾听他们的观点及了解彼此是否进行了真正的沟通。我帮她找回了信心，摆脱了她对于以往的失恋而背负的内疚感。对于莎拉来说，这是向前的一大步，她终于弄清楚了多年来这些令人痛苦的经历如何控制了她的行为。

一旦摆脱了这些情绪和限制性信念，她就成了一个全新的女性。

莎拉揽镜自照时看到了一个坚强、执着、强大的影响者，一个具有强大的冒险精神、有能力对自己的工作施加积极影响的女人。她不仅成功地晋升，而且还得到了更大的回报，她已经开始跟一个爱她、重视她的观点的男人约会了。而且，这个男人自信且目的明确。

不过，请注意，莎拉必须采取实际行动。是的，我提出了一个技巧和经历框架，但她必须勇敢站出来，致力于变成一个新女性。她必须主动改变自己的身份。

身份至关重要。您的身份会过滤出您认为真实的信念。

正像莎拉一样，也许您也抱着某些完全不真实的信念。但根据您的生活经验，这些信念甚至看起来真实且合理。

对莎拉来说，她的信念和身份是几十年来的批评和判断造就的。

莎拉做了改变自己的生活必须要做的事情，而且在这一过程中重新获得了自信、自爱和个人力量。

在某个方面您是否也可以做到这一点呢？

僵尸末日已经来临

跟其他人一样，我也喜欢某部恐怖的僵尸电影。只是，当我环顾四周时，我意识到僵尸末日并非我在大屏幕上看到的某部电影。它就存在我们当中，在某种意义上，任何好莱坞电影——不论其预算有多大，外景拍摄多么令人兴奋——都编不出来这样的情节。

解 锁
打破受害者情结

现在，您周围的人都形同行尸走肉。他们四处游荡——他们会呼吸、心会跳、大脑照常运转，不为别的，只为了等到周末。周五像假期，周一像监狱。

生活从他们身旁溜过而他们毫无觉察。他们的生活就是整天跟真人秀节目进行一遍又一遍并不和谐的比较，整天迷恋那些肯花费数百万美元为自己的贵宾犬开生日晚会的名人，还有能让自己变得像肯或芭比的最新的整容手术。

我认为我们应该看看有钱人或名人的生活。这会更加激励我们提升自己的期望，更有志于追求自己希望的富足。

但是，如果我们以牺牲丰富自己的生活为代价去寻找别人生活的意义，那样是行不通的。

让我们麻木的不只是真人秀。我们来看看这方面的新闻报道。

新闻节目为人对人无休止的暴力、无辜者的意外身亡及给工作场所制造谈资的胡乱破坏而欢呼。

> 当心，您很容易被吸入外部事物的漩涡。

非洲的干旱，一些地区的政治局势的动荡，新冠肺炎疫情的最新更新。

我们变成了一个沉迷于消遣的社会。我们沉迷于任何能让我们不再专注于我们的生活和问题的事情。

社交媒体上那些长达数个小时的活动让我们产生了一种

类似于服用成瘾物的心理渴望。㊀社交媒体热衷于借鉴博彩业的手法制造公众对其平台的依赖。

我们被驯得就像一群巴甫洛夫犬。我们对社交媒体消息提醒的反应跟伊万·巴甫洛夫拿吃的驯狗时那些狗听到铃声时的反应没什么两样。

这并不是说我们有意让自己的生活臣服于这些消遣活动。它们就像一场慢慢移动的大雾一样悄无声息地笼罩住我们,直到我们什么都看不见了,我们才注意到自己看不清楚这件事。

直到我们抬头看表才会注意到我们在社交媒体上已经待了好几个小时。

意识到我们一直想逃避自己的生活是一件多么令人伤心的事啊!

我们的大脑天生希望我们安全,而且这种想法整天在我们的头脑中盘旋。成年人平均每天会产生 7 万 ~9 万个想法,而其中 90% 以上的想法都是我们不断重复的老一套自我对话。

也就是说,这些相同的想法在不停地循环。

不过,您并没有意识到这一点,因为这些想法的背景各不相同。

以我不够出色为例。您曾有过这种想法,但您或许并不

㊀《卫报》:社交媒体复制赌博手法"以制造心理渴望"。

解 锁
打破受害者情结

知道这一想法在您脑海中出现过多少次,因为,即便您弄清楚了这一想法,其背景与您上次注意到它时的背景也可能不同。

也许早上您有这一想法跟做法式吐司有关。由于吐司的酥皮没做好,潜意识中您觉得自己不会做美味的法式吐司。下午您有这一想法跟您试图结清您的银行欠款有关。到了傍晚,您有这一想法跟熨衬衫有关。

我没资格参加这次会议。

我没资格获得这次晋升。

我没资格获得这一恋情。

我没资格获得那辆新车。

人们无视这一想法有多么频繁,因为其背景不同。

意识到自己这一想法后,您也许希望改变这一想法。要改变这一想法,您可能要走出舒适区并采取行动。这会让人感觉不安。因此,您的大脑会不择手段地让您分心,让您关注其他东西而不是问题本身。

让自己舒服,让自己安全!

我的妻子阿莱尼是一位冥想师。她跟我讲了一些有关苏珊的事情。苏珊是她的一位客户,在保持镇定及遵从冥想指示方面非常困难。苏珊总会问自己:"我能做得了这个吗?"阿莱尼建议苏珊回忆一下在生活其他哪些领域也问过这一问题。在她们下一次冥想会面时,苏珊汇报了自己的发现。

她跟阿莱尼说:"很显然,只要我遇到新情况,我都会不断问自己这一问题。以前我没有注意到这一点。"

这种反复的想法——这种对周围世界的自动处理，这种对真正灵感的磨灭——造就了僵尸之国。

您怎样才知道自己是否陷入了僵尸世界呢？请注意以下症状：

- 感觉没有生活目标。
- 虽然知道追最新的真人秀是一种逃避，但乐此不疲。
- 每天都沿袭相同的思维方式和行为方式。
- 日常惯例好多年一成不变。
- 每天在社交媒体上消遣。
- 随时在智能手机上玩游戏。
- 没有（超过六个月的）长远目标。
- 厌恶追求自己目标的人。

关于僵尸世界，有趣的是，在让您偏离自己生活的消遣活动背后，您知道您希望得到更多的东西。您还想要更多的生活、更多的乐趣、更多的爱、更富足。您知道自己是在利用消遣逃避对未知的恐惧，对采取行动朝着自己的目标努力可能会发生什么事情的恐惧。

数百万人正深受伤害，希望逃避痛苦，但从未意识到在智能手机上玩游戏的每一刻都是他们生命中一个永远消失的时刻。

消遣正偷走您做出改变、分享某种独特技巧或激情的机会。围在您周围的可能是：

一个知道如何治愈癌症的僵尸。

一个独创性能够媲美达·芬奇的僵尸。

一个能解决食物短缺危机的僵尸。

一个能完善星际旅行的僵尸。

也许现在就有人正看着您且跟您想的一样。您的灵魂中的什么东西在等着被唤醒？

> 现在僵尸该醒过来了。

您自己呢？您正像僵尸一样活着吗？也许您生活中从来没出现过僵尸症状，但是否您在某个方面也染上了僵尸症状呢？您的健康、恋情或职业当中有没有土拨鼠日综合征呢？您有没有花过时间分析自己的生活或下决心成为什么人、做什么或拥有什么东西呢？

刚开展业务时，在与人相处方面我显然走入了僵尸王国。我醉心于推动业务，结果让自己的婚姻遭受了太多压力，以致妻子觉得被我无视。不过，我仍然没意识到自己的所作所为。

我没意识到我一个人待在办公室有多少个小时没跟妻子联系。

我没意识到我们在一起时我在不断接听电话。

我没意识到因为我在楼下跟一个客户打了一个小时的电

话，她为我做的晚饭都凉了。

直到有一天她告诉了我这一切。我很快意识到自己太容易陷入僵尸思维，唯一的出路就是控制好自己的时间和关注点。我很庆幸我意识到了这一点。现在，我不仅让阿莱尼知道我爱她、感激她，而且我还确保她知道她每天都在我的优先事项名单上。

停止抱怨，开始行动

别人常说我过于直接。很多客户找我进行咨询，我每两个星期跟他们谈一次，希望他们对自己的目标和行为负责。

这样做的回报非常大，我亲眼见证了人们意识到自己一直像个僵尸一样后会发生什么。

人们开始抱怨：

"我怎么会那样生活了这么久？"

"我浪费了太多时间。"

"如果我太慢，做什么都后知后觉怎么办？"

这种心态的变化听起来可能非常消极，但同时也是人们重获自己的力量要采取的第一步。您必须预料到这一不太好的醒悟时刻，并在您开始顺着这些想法一路向下直至您对自己产生消极看法之前处处留意。

您觉得错过了时机，没有了退路，或者不恰当的行为毁了您的恋情，这都是很自然的事情。

解　锁
打破受害者情结

然而，您的过去不能定义您、控制您，也不一定会对您的未来造成影响。它只是您以往选择和行为的结果。如果我们就这么看这件事，我们就会明白，要创造一种新的、您想真正体验的结果，您只需改变自己的行为和习惯。

抱怨令人反感，而且充满了负能量。

抱怨绝对是一个证明您有受害者心理的主要症状。我知道这话听起来很刺耳，但这是实话。您越抱怨自己的生活状态，就越可能活在内心深处的受害者心态之中。

清醒地意识到自己的思维习惯至关重要。这是痊愈的第一步。

那么，既然您已经注意到了，您该怎么做呢？您必须采取相应的行动！

您此时会遇到阻力。

也许您不想采取相应的行动。您可能倾向于在沙发上坐着或者给某个朋友打电话。您的朋友会宽恕您的所有行为，认为所有事情都是您无法控制的某人或某事的错，对您的受害者故事添油加醋。

要是人们理解您曾遇到过的困难就好了：童年求学时的难题、破裂的恋情、不被老板器重等。

这种思维甚至显得冠冕堂皇。事实上，这种思维也往往如此。遇到那种情况，希望让全世界都知道我有多难时，任何跟我看法一致的人都可能成为我的朋友。事实上，他们都会令我产生受害者思维，让我陷入困局。

在这一受害者思维背后，我知道我只是在糊弄自己，给自己找条出路。

> 您需要的不是一条出路，而是一条达到目的之路。

正是行动的必要性导致的受害者情结带来了您要找的解决方案。

这不容易。要过上您渴望的富足生活或实现心态转变，都没有捷径可走。您必须拿出纸、笔开始规划您未来的举措。现在还没到面对您的感受问题或通过冥想解决问题的时候。那些事情要等等再说。当务之急在于：站起来，开始朝着您的目标采取行动。

任何行动都可以。

如果把生活比作一艘船，在这个阶段，我甚至不关心您是否已经跳船或正朝着错误的方向游动。如果船快沉没了，您就必须跳船。如果船刚入水时您的目的地碰巧是汪洋大海而不是陆地，没问题，您可以矫正您的航线。

这就是第一步。

停止抱怨，开始行动，这是您唯一的取胜之路。

我再说一遍。也许您可能不想采取行动——打促销电话、打扫家中卫生、处理税务问题、开公司、写书等。没关系，您这样做没什么问题。找乐子很容易，但这样的行动不会让

解　锁
打破受害者情结

您取得巨大成功。您必须做好那些棘手的工作、那些不会让您兴奋或狂喜的事情或要求您做到的事情。

现在您就开始依靠自己的能力,相信自己能够坚持完成自己要做的事情。自尊基于每天都坚持取得一些小小的胜利。

您并非僵尸。

现在,您该开始真正的生活了。

游戏计划

为巩固您在本章学到的知识,希望您回答四个问题。我所说的回答并非那种花两分钟草草打钩了事的回答。

我希望您认真考虑以下问题并花些时间为自己构想真正的答复。这样做可以让相关知识深入您的潜意识并有助于您开启重获力量这一转型之旅。

◎ 问题1 您对生活中的什么事、什么人,想当然地认为需要予以重视?您打算如何加以改变?

_____

_____

◎ 问题2 对于您生活中的周而复始的情况,您持有怎样的消极或批评性看法?您能用什么加以替换?

_____

_____

◎ 问题3 您希望更有意应用哪些您从个人发展中学到的东西?

_____

_____

◎ 问题4 如果您从现在开始全身心投入,您能取得哪些具体成就?

_____

_____

03

第三章　谁扼杀了您的梦想？

有史以来最伟大的超级英雄是谁？

超人。

我不希望有人提什么蝙蝠侠。超人最伟大。他很酷,您说什么都改变不了这一点。

我们聊聊您的超级英雄及为什么这非常重要。

我的工作包括发现客户生活中的偶像是谁。

最有意思的是,无论他们现在的偶像是谁,对他们影响最大的都是他们童年时期的偶像。

在那段时期,周围的人对我们的影响很大。我们结识了一些很有个性的人,缠住他们不放,因为我们觉得他们身上具有生存和成功所必需的特征。这些偶像对于我们的价值观和有关我们自身的核心信念具有直接影响。

在我十几岁时,对我的青春期影响最大的包括:

- 超人

第三章 谁扼杀了您的梦想?

- 我读过的奇幻书籍中的精灵("龙枪系列"中的雷斯林及《沙娜拉之剑》中的亚拉侬)
- 《洛奇》中的西尔维斯特·史泰龙
- 阿诺德·施瓦辛格
- 斯蒂芬·金
- 克莱夫·巴克

我还记得当年急匆匆赶往书店去买斯蒂芬·金的最新小说的情景。他激励着我用文字讲故事,用文字转变人们的生活。更有趣的是,如果深入研究一下这些人物,您就会发现他们有个共同点。事实上,我以前经常阅读的大部分书籍或喜欢的故事都有一个共同点。

它们讲述的都是逆袭之旅。

本来不该成功的人逆袭成为英雄——甚至超级英雄——进而拯救全镇甚至整个行星。按写作的说法,我们称之为"英雄之旅"。实际上,英雄之旅无处不在。

英雄之旅可见于以下影片:

- 《星球大战》(卢克·天行者、阿纳金甚至雷伊的崛起,还有凯洛·伦的救赎)
- 《阿凡达》(前海军陆战队员杰克·萨利从不得已做出选择到纳威人救星的转变)
- 《指环王》(弗罗多和山姆前往末日山脉并击败了黑暗魔君索伦,更确切地说,山姆为弗罗多做了很大的牺牲)

解锁
打破受害者情结

这些影片提供了一种沉浸式的观影体验，呈现了一场场史诗级战斗，最终小人物克服极其不利的条件获得了胜利。

不论您以前的超级英雄偶像是谁，他们对您如今的人生观都产生了明显的影响。您甚至可能会创造某些情境（尽管大多是无意识之举）以便体验这一奇幻角色的生活。

> 您可能会无意识地创造必要的逆境来完成您的失败者故事。

多年来，我一直觉得，作为一个不断奋斗的穷人，我有权被人当作一个好人。我曾经认为，成功需要牺牲自己的灵魂、需要放弃自己的道德以获得经济或职业上的利益。我觉得牺牲成功以成全自己节操的决定十分高尚，我非常自负地认为这样做使自己比那些不计成本装满自己钱袋子的人要好。

您或许会无意识地为逆袭之旅创造其所需逆境。

我知道，这一信念源于我的家庭。小时候家里没什么钱，父母一直强调我是一个好人。我把自己的经济体验，即贫穷，跟好人联系了起来。这完全不理性，但我的确就是这么做的。我从来没跟人这么说过，但说出来让我如释重负。

为了体验这一逆袭之旅，我给自己创造了以下逆境。

- 焦虑发作
- 健康隐患
- 嗜糖成瘾

最糟糕的或许是我成为周围人的救星。只有能成为救星,我才值得他们的爱和接受。我不得不成为解决他们问题的那个人。我不得不既控制自己的经历,又控制他们的经历。我的个人逆境不足以让我自以为是个弱者;我不得不考虑别人遇到的难题。

相信自己是个弱者的这一无意识模式在社会上可能非常普遍,只不过我们看不到而已。我们注意不到可能显露这一模式的行为,因为我们太专注于体验这一过程。

您为什么要体验这一过程呢?为了扮演英雄、克服障碍、克服挑战以向全世界证明您同样可以非常伟大;为了证明您值得被爱、被接受及取得成功;您觉得自己必须赢得想要的权利。

不过,不要忘了,一般来说,超级英雄的背景都极其悲惨。您或许认为他们都是自身环境的产物,没有那些悲剧他们也不会成为今天的他们。

看看那些超级英雄,他们有的是孤儿,有的是因为自己的力量过于强大不得不躲起来,他们都会伤害爱他们的人。

- 蝙蝠侠
- 超人
- 蜘蛛侠

解 锁
打破受害者情结

- 绿巨人
- 金刚狼
- 恶灵骑士
- 银色滑翔者

成功的超级英雄大多都有一个强大的独行者的形象,为了让这个星球变得更好,他们不得不放弃生命、爱、人际关系或个人幸福。

他们不得不牺牲自己的幸福才值得拥有自己手中的力量。

这样做的人有一个名称——殉难者。

殉难是典型的受害者思维。但超级英雄之旅让人觉得做殉难者没什么大不了的,因为,只有通过牺牲他们才能帮助穷人,才能让无辜者免受恶人戕害。

真高尚!是的,这真的很具有讽刺意味。

我们很小的时候就被灌输了殉难这一观念。想想这些超级英雄如何塑造了孩子们的心理:

- 做行侠仗义的独行侠是一件很高尚的事儿。
- 把全天下的问题扛在自己肩上是一件令人钦佩的事儿。
- 您能够成为救世主。

这一思维会加剧受害者情结。殉难、放弃自己的生活为他人作嫁衣裳毫无高尚可言。

> **受害者情结之镜**
>
> 殉难、放弃自己的生活为他人作嫁衣裳毫无高尚可言。您的受害者情结正是由此而来。

这一说法让您听不下去了，是吗？如果是，请用这一不安的感受质疑一下您的信念。谁告诉您殉难高尚？这种说法说得对吗？

那些也为不幸者做好事的有钱人又算什么呢？

请不要搬出特蕾莎修女的例子来。1997年9月5日，特蕾莎修女离开尘世后成了这个星球上出名的领袖之一。在她的影响下，全球123个国家建了610家修道院。这些修道院收纳了4000位修女和300个兄弟会会员。共建者人数超过100万人。

没有钱，她一个人能有这么大影响吗？

绝对不能。如果特蕾莎修女是您的偶像，请您试试是否能像她一样募集数百万美元用于改变那些不幸者的生活。

我们的偶像会影响我们。

有些人更清楚这种影响，我希望您读过本章后也能意识到这一点。

您需要设法弄清楚是什么触动或驱动了您以前的行为，以及它们如何控制了您的经历和导致了如今的结局。

解　锁
打破受害者情结

山姆的故事

我的客户山姆跟他十几岁的儿子们的关系很僵，而且他发现自己跟妻子的关系也开始恶化。山姆没有跟她好好沟通，而妻子则指责他处处对自己隐瞒。

在我了解山姆童年时期谁对他影响最大时，我发现山姆偶像化了有关其父亲的记忆。身为人父这一概念是一个重要的动力。

只是，对山姆来说，身为人父这一概念也让他非常痛苦，因为在他两岁时父亲就离家出走了。

对山姆来说，父亲的缺失是其内心深处无意识痛苦的根源所在，他用这种痛苦为自己生活的不成功开脱。在山姆心中，父亲的出走意味着自己不值得被爱。

后来，我详细研究了山姆的个人历史。我发现，自爱的缺失对山姆的影响绝不限于他与儿子和妻子的关系，还包括很多其他方面。他对自己的事业极不满意，而且他也做了不少糟糕的有关经济的决定。山姆的人生就像一扇不停旋转的失败之门：未能获得的职业机遇、一连串的债务及逐渐恶化的家庭关系。

为掩盖自己的自卑，他开始每晚酗酒。

我问山姆谁是他的英雄时，他边哭边说："我希望是我的爸爸。"

第三章 谁扼杀了您的梦想？

在接下来的三个月，我每两周跟山姆会面一次，跟他一起揭开他讲给自己的有关他不值得被爱的那些虚假故事。

重要的是，他必须把自己的父亲看作一个人而不是一个代表父亲的本质的虚拟人物。

我们的父母跟我们一样，都是有缺点的人类。

如果我们撕去"妈妈"或"爸爸"的标签及抛开这两个单词固有的意义，我们就会明白他们和我们之间没多大区别。

他们会犯错……跟我们一样。

他们会爱别人……跟我们一样。

他们因为自己的不安而困扰，有时会做出一些非常糟糕的、希望能够扭转局势的选择……跟我们一样。

他们不是超级英雄，而是人……跟我们一样。

转变、消除山姆对父亲的需要对他的治愈来说至关重要。

山姆是一个很好的例子，说明了我们的偶像——我们的英雄——可能会灌输给我们很多理念，而这些理念在我们成年后会一直伴随着我们。

山姆开玩笑地说我们会面期间他哭的次数比以前还多。不过，这是预料之中的事情，不是吗？山姆必须放下心中一直以来的愤怒和憎恨、被抛弃之后的悲伤及觉得自己不够出色而产生的羞耻感。

咨询结束时，山姆用一个更适合的身份，即一个叫作山

解　锁
打破受害者情结

姆的超级英雄战士，取代了原来那个虚假的叫作父亲的超级英雄。

我为他的成就感到非常骄傲。由于山姆做出的改变，他重建了跟十几岁的儿子及妻子的关系。他的事业稳定了，而且即将获得晋升。

如果我们能够处理好以往遇到的情绪难题，摆脱那些让这些难题控制我们行为的习惯，我们就能够更轻松地换上一个更强大的新身份。

就像山姆一样，他的身份变了，并且找到了真正的自我：称职的丈夫、慈爱的父亲、投入的养家者。这样的人就是超级英雄。

即便身处最黑暗的时刻，我们还是可能找到一盏灯。只是，我们必须乐于改变我们烂熟于心的叙事。就像山姆一样，他勇敢地举起了求助之手，希望重新找回自己几十年前被某件事夺走的力量，因为这一事件如今仍然控制着他的生活。

一旦这样做，山姆就变成了自己的生活的真正作者。

您呢？您是否把某个超级英雄当成了偶像但从未审视过他们的过往，并且也没注意过他们的过往对您的影响呢？如果您视若珍宝的超级英雄正是您痛苦的源头，那又如何？

现在，我们再仔细看看其背后隐藏着什么东西。

他们的氪石是什么?

所有超级英雄都有弱点。对超人来说,氪石是他的弱点,尽管特定颜色的氪石也能变成他的优势。对蝙蝠侠来说,心理状态是他的弱点。火星猎人(Martian Manhunter)的弱点是火。每个超级英雄必定有令自己脆弱,最终令自己更像普通人的东西。因为,如果没有这一特质,我们就无法跟他们产生关联。如果一个超级英雄与人没有任何关联,那就意味着这一角色的死亡。

人类也没什么两样。

想想您那位似乎无所不知的朋友。我们都认识这种人,甚至我们自己可能就是这种人。他们是所有知识的源泉、总有好点子的人、能解决所有问题的人,而且通常也是最难沟通的人。他们都很固执,只有在有求于人时才会伸出自己的手。有时候,您可能会想您何必为他们费心。

我们为什么会对他们有那种反应?因为,他们看起来好像无懈可击。

他们什么时候都是对的。他们就是这样。而且,他们从来不会不好意思让您了解这一点。

人们可能对这种朋友的智慧充耳不闻。我们不想听从完人的建议,因为我们不相信人会完美无瑕。我们愿意奋斗,并且信任像我们一样有缺点的人。

有缺点才有可信度。

第一位通过一路奋斗,跨越人生的沟沟坎坎,最终到达自己的目的地,只是他一路上常会遇到挫折、自我怀疑或难应付的人。第二位一路摸爬滚打终于到达目的地,到达之时好像刚刚经历了一场战争。

不过,他们都做到了,而且还有一身伤疤为证。

您更尊重哪一位呢?无所不知者还是受伤的战士?您愿意接受谁的建议?

> 大部分人愿意听从某位有魄力、能克服障碍并证明了被击倒并不意味着被淘汰的久经沙场的战士的建议。

这一点为何重要?

您的弱点——造成这一问题的东西——可能也是能让您跟他人建立最大关联的东西。这种逆境中的关联性正是我们克服某个障碍时所遭受痛苦中的金块。

您的弱点能带来融洽。

不过,您的弱点是一把双刃剑。

专注于您的弱点最终能在您及同行者之间建立某种依赖关系。通过分享您的痛苦,您可以跟另一个人建立关联。我们渴望跟他人建立关联。任何让我们深陷受害者思维循环的东西,即便它能带来这种关联,也都是一个隐患。

拥抱这一旅程之中的痛苦并将其变成教训,就没什么能诱惑我们重新经历其他人或我们自身经历过的相同故事。

我们要接受这一教训，这样我们就不会重犯以下行为：

- 牺牲自己的幸福以取悦家人或朋友。
- 纵容别人越过自己的底线，因为我们不希望与人对峙。
- 接受跟我们最亲密者对我们的不敬。
- 低调行事，让他人舒服。

如果我们一开始就假定所有行为都受创造某种积极感受的欲望的驱动，那么接下来就能将这一理念外推，甚至认为某个消极的结果也具有某种积极的意图。

潜意识非常聪明。它给我们发出很多信号，对我们是否走在实现我们想要结果的路上给予引导。其中一个信号就是我们的感受。

不过，感受不能脱离想法而单独存在。想法先于感受。

试试以下小练习。

现在拿出一点时间，试着一边发怒一边让自己的大脑彻底放空。别再盯着屏幕看了，认真试试看。按正常的方式来做就可以了。握紧双拳，咬紧牙关，试试一边保持大脑放空一边感受愤怒。

您有什么发现呢？您能愤怒得起来吗？最有可能的结果是，您无法继续完成该练习，因为您并没有真的因为事情生气。您没有愤怒的想法。

或许您被带回了曾经非常愤怒的某一刻，您开始想那件

解　锁
打破受害者情结

事。这是有可能的，因为我们的生理与情绪有关。下巴紧绷、牙关紧咬、双拳握紧，这些行为可能会令您想起以前发怒的某一刻。

不过，请注意您现在无法一边发怒一边头脑放空。

这一事实能告诉我们什么？我们的感受不能单独存在于我们的想法之外。我们在大脑放空的时候无法感受自己的情绪。

大部分人怎样做出决定？他们根据自己的感受做出决定。但是，有多少人知道想法触发感受，知道做决定更多的在于了解想法而不是感受？

人们相信感受，而且，一旦人们相信了某种感受，就会力证其合理性。

不过，感受很重要，非常重要。

感受能有力地推动我们前行，就像我们对于晋升充满动力一样，因为晋升有助于我们过上更愉快的生活。

感受也可能是一个造成我们缺乏积极向上的活动的因素。简而言之，我们不会因为自己的感受而发挥自己的潜力。被自己的过往所羁绊的感受是一个弱点，我们在自己人生的某一刻都有过这一弱点。

有些人能轻松处理这一弱点，而且能够强迫自己采取行动。但其他人会因为对过往的感受感到窒息或无法呼吸。他们心中充满了悔恨和悲伤，充满了自我怀疑和自责。

令人难过的是，他们想在这样一个失权的位置取得成功的机会非常渺茫。在我们的相关培训[一]中，我们跟参与者紧密合作，帮助他们释放消极情绪，以及断开与以往事件的关联。愤怒、悲伤、恐惧、伤害、内疚、耻辱、尴尬等情绪会造成失权，对您未来的成功有害。

人们很容易受到以往经历的控制。我们可能会一天又一天盯着有关我们以往的观后镜，勾起我们那些未治愈的创伤和消极情绪。

问题是：

> 您如何利用您的弱点逃离这条容易走上的道路？您如何才能从那些扼杀您梦想的（真实的或虚拟的）人那里拿回自己的力量呢？

我的意思是，您爱过超人，但谁也无法达到他的标准。即使您想试试，也会败得很惨。

那么，您要做些什么呢？

此时，您要做两件事。

首先，您必须学会在场。在冥想圈，人们称之为正念。在场就是出现在现场，即您控制自己的专注点并将其从以往和未来转移到当下的能力。

您所有的痛苦都存在以往。您所有的焦虑都存在未来。当下，您几乎没有什么痛苦或焦虑。如果您能训练自己对当

[一] The Wizard Arises NLP Certification.

下，即您的人生的唯一所在，保持正念，在拿回自己的力量方面您就已经有了长足进展。正念的强大非同凡响。那么，您怎样才能保持正念呢？

保持正念最轻松的方式就是把您的注意力放在您此刻所做的事情上面。对我而言，现在我边听《指环王》电影的配乐边在电脑上输入这一手稿。房间有些凉。我高度关注自己正写的东西，因为我知道这有多重要。写作时，我所有的注意力都在这些字句上。我想的不是下一章，不是明天的计划，也不是晚餐吃什么；我想的也不是以往的过错，错失的商机或因为自己昨晚大快朵颐而导致今天早上体重秤倾斜。通过停留在当下，我守住了自己的力量，因此能够创造某种实质性的、重要的东西。

正是在这些宁静而专注的时刻——这些正念时刻，我才能拥有自己的人生、自己的体验。您知道有趣的是什么吗？我的创作字数会增加，而且我也更有成就感。我没有拿自己跟任何人，甚至我自己，进行比较。我只为您而写作。

危险的比较行为

比较很危险。它既有积极后果，也有消极后果。从积极的一面来说，当您模仿某位成功导师的行为并取得相似结果时，与人进行比较可能非常令人鼓舞。从消极的一面来说，与人进行比较可能让您有失败感。更糟的是，自己与自己的比较不仅有害，而且难以摆脱。

人们一般以两种方式进行自我比较。

1. 与自己曾有过的成功进行比较

例如，运动员可能每天都与自己的个人最好成绩进行比较。他们可能永远无法取得更好的成绩。只盯着自己无法突破的个人最好成绩这一状况会带来大量消极的自我对话。

2. 与臆测的可能结果进行比较

例如，人们可能对某个企业主说过他具有创造成功品牌的技巧和潜力，但他从未走出这一步。这种针对臆测潜力的比较也可能造成大量消极的自我对话。

从扼杀您梦想的超级英雄那里拿回自己的力量的第一步就是亲自面对此时此刻或当前的经历。

第二步就是为痛苦树立一个更高的目标。您必须侵入自己的大脑，让自己相信：没有这种痛苦，您就无法到达您的最终目的地，无法实现您的最终目标。

这就是氪石带给超人的力量。我们都知道，超人无可阻挡。

将氪石引入该场景之后，超人的必死性、人性、缺点和痛苦会聚合起来，使他跟某个远不如自己的人之间产生某种关联。

解　锁
打破受害者情结

> 通过关联自己的缺点并使其成为实现您的目标的组成部分，您就能穿行于受害者情结带给您的感受之中并快速通过。

这一点再强调也不过分。关键在于，您要认识到受害者情结所带来的感受随时可能出现，如果您让它们喘口气，活过来，甚至哪怕朝它们看一眼，您都可能会发现自己陷入了一个爬也爬不出的大坑。

我们绝不能停下来，绝对不能。

按古瑜伽的传统，利用某种特定的方式，您就可以消除负面情绪。我们大部分人可能会说"我很生气"或"我觉得伤心"，而瑜伽修炼者会说"怒气正在出现"或"悲伤正在产生"。

这两种说法差别巨大。在前一个说法中，我们将情绪视为自身的一部分。这是一种内部过程。在后一个说法中，我们注意到该情绪的当事人就像一名观察人士。此时，他们正置身事外。其实，情绪并不等于我们自身。我们只是意识到了情绪正穿越我们的身体，并注意到了随之起起落落的不同躯体感受。

现在，我们该挖掘一番了。

深挖

您过去隐藏过什么样的愿望（您一直想实现的愿望）？

第三章 谁扼杀了您的梦想？

我猜您十几岁时肯定幻想过今后的生活。或许您幻想过自己追求的某项事业、某个能赐予您灵感的爱好或您希望做的或拥有的东西。

而这时候您的生活会破门而入，一脚将您的幻想踢飞。

也许您正面对家中人口增长过快或抵押贷款有待支付的现实。也许您花了十年才读完大学，开始工作了还带着读书时欠下的一屁股债。也许您毕业时拿到的学位对您没起多大作用。也许您遇到了健康危机或丧失了动力。

现实生活让您的梦想难以成真。

事情通常不都是这样吗？我们绘制了宏伟蓝图，结果生活告诉我们："呃，不，我想您应该往我的方向走。"冷不防您就 30 岁了，然后 40 岁，之后 50 岁。看着镜子里的自己，您心中默默问自己那个您希望永远不要问的永恒的问题："我的生活怎么了？"

这种时候我们常常开始宽恕自己，我们会对外宣称：

- 生活对我不公平。
- 事情已经发生了，我控制不了这样的事儿。
- 看看我的过去，您还能指望什么？
- 至少我是个好人。
- 生活所迫。
- 谁想到事情是这个样子呢？

这些说法是真的吗？说这种话的是作为起因的你还是作

为结果的你呢？当然是作为结果的你。陈述一些显而易见的事情跟利用某些显而易见的事情自我贬低还是有些细微区别的。

如果您利用您的过去宽恕您缺乏行动，不在当下积极作为、敢于担当或积极进取，您就活在了受害者情结的阴影之下。

受害者情结之镜

如果您利用您的过去宽恕您缺乏行动，不在当下积极作为、敢于担当或积极进取，您就活在了受害者情结的阴影之下。

您的受害者情结正是由此而来。

为过去发生的事情追悔莫及是一种比当下直面恐惧或焦虑更为痛苦的情绪。"我的生活怎么了？"这一问题让人害怕。如果只是因为我们的父母跟我们说某条路是正路，我们就在那条路上浪费了多年时光，那又如何？我是我们家第一个读大学的人，拿的是商务学位，对此我的父亲要比我兴奋得多。我走的是他的路还是我自己的路呢？事到如今我也不清楚。

有多少人因为接手了家族生意而从未换过工作呢？

在您看过的电影中，哪些情节会让您从心里大喊"不要这样……要追求自己的梦想啊"？走别人设计的道路的人不下数百万。他们对此深恶痛绝。

目睹这一场景后,您就知道他们灵魂中的一小部分——他们的生命力——已经消失了。

当然,在任何领域,如果我们有天赋且再花上该花的精力,我们都可能取得成功。可是,我们完成的工作让我们幸福吗?那种工作是我们想要的吗?早上醒来,我们觉得我们的工作让我们充满强大动力吗?让我们精力充沛的召唤能超过填满钱包或支付账单的需要吗?

我们都熟知相关统计数据。大部分人都不喜欢自己的工作。人们可能不喜欢工作地点、出差、同事,甚至工作本身。不过,工作还是要做的,因为我们都需要钱才能买到我们生活中需要的和想要的东西。

您是否已经忘记了那个您在十几岁时追偶像时的梦想?您见过活生生的超级英雄后又希望、祈祷、梦想获得什么呢?

也许您的超级英雄是一位演员、一位活动家或一名医生。受到他们所取得成就的激励后,您希望成为什么人、做些什么事情或拥有什么东西?

这是我们必须释放的能量。这种能量会穿越您的潜意识的最深处。它会刺激您的梦想和白日梦,并且在我们热爱的书籍或电影中上演。举例来说,如果您一直希望成为一名消防员,您可能很喜欢那些美化与强大的政权作斗争的人的媒体。

解 锁
打破受害者情结

不过，其背后隐藏的是，您需要满足做英雄的愿望。

我们需要弄清楚是什么在驱动着您，以及您渴望再次点燃灵魂中什么样的火花。这种火花会成为您的立足之本，基于此您走出受害者情结，并且利用强大的自我发展业为您服务，而不是反过来。

那么，您知道自己的火花是什么吗？

您知道您的表面之下隐藏着哪些渴望被发现的愿望吗？

我们来看一看。

请花一点时间回答以下问题。

◎ 问题1　您以前希望自己"长大"后做什么？

_____
_____
_____

◎ 问题2　这一目标的哪些特质最让您深受鼓舞？什么东西让您充满动力？

_____
_____
_____

◎ 问题3　为什么这些特质对您十分重要？

_____
_____
_____

◎ 问题 4　这些特质跟您现在的生活方式之间有什么关系？

_____

_____

_____

这些问题往往能让我们发现某些意识之外的愿望。我们可以假定，如果您对问题 4 的回答是"没有任何关系"，您的生活可能就不那么令人兴奋或圆满。

回答这些问题也使您有机会审视这些特质并决定如何把它们引入您的生活。

如果有办法让您实现这些隐藏得更深的愿望，您会更开心一些吗？当然。您会更有成就感吗？当然。那么，为什么那么多人都不这么做呢？

答案可能让您感到震惊。

人们对于实现目标产生恐惧。

事情就是这样。人们普遍恐惧自己成功地做到了想做的事情。这一恐惧源于我们要成为某个群体的一员，并且合群，还要在人群中有安全感的社会需求。

为了生存，我们本能地组成很多社会群体。抱团才能取暖。合力应对威胁，人们才会更加安全。

行动慢的人可能首先被抓住，那么其他人被掠食者吃掉的可能性就会小一些。

真相就是如此。

解　锁
打破受害者情结

任何可能令我们疏远最亲近的家人和朋友的行为都被视为对我们的威胁。我们会本能地选择让威胁最小化的行为。

梦想和愿望往往被抛之脑后，原因就在于此。一个更希望您遵守共同规则的经济体不会支持全社会都追求自己的梦想。原创性思维不会受到奖励，因为它试图让您脱颖而出，那让人觉得不安全。

> 固守平安会令您抛弃梦想。

此时，我们就会遇到正在您的脑海中盘旋的大问题："克里斯，理论上您的话非常棒。是的，我应该守住自己那些充满激情的东西。但是，收集蜗牛参加一年一度的腹足类动物比赛没法帮我支付账单。"

不能吗？

您可能并不知道谁会对您疯狂热爱的东西感兴趣。也许有人愿意为您想做的事情掏钱。

您试都没试，怎么知道能不能呢？

您有没有想过世界杯用的足球里面是什么？或者，您有没有想过棉花糖头盔、链锯、玫瑰金色的苹果笔记本电脑、保温杯或世界上最大的马桶里面是什么？

没有，我也没想过。

来自犹他州的父子丹和林肯就想过。二年级的儿子有份查看运动球内部的作业，父子二人一起完成这份作业时发现把东西切成两半很有趣。所以,他们开通了自己的油管(You Tube)账号,专门做这样的事情。由他们把东西切成两半,我们就不需要这样做了。到目前为止,订阅他们视频的人数已经接近700万。而且,他们的这一爱好还能帮他们每月赚到大约73000美元。

您心中的火花是什么呢?

您能想办法更有效地把自己一贯的爱好、激情或灵感融入您的生活吗?

我想我们都可以像他们那样,如此,我们就能找到自己的魔法斗篷。

您愿意披上自己的魔法斗篷吗?

您愿意成为自己生活中的超级英雄吗?您愿意深入生活,实施找回自己力量的计划吗?您的偶像或某些善意的人扼杀了您的梦想,因为您永远无法成为他们,无法达到他们的高度。您愿意把自己的力量从他们那里拿回来吗?

如果您愿意,您需要披上魔法斗篷。没有它您无法成为超级英雄。选择披上这件斗篷(成为起因)就等于向您自己及您周围的人表明您准备换一种生活标准,对于您的价值观和意图您志在必得。

穿上这件斗篷意味着您愿意采取必要的行动实现自己的目标,而且会坚持到底。您必须像一位成功人士那样去行动。

如何行动呢？

换上已经成功实现您的目标的人的身份，问问自己："他们现在会采取什么措施？"他们采取什么措施您就采取什么措施。

此时，您的行为非常重要。您曾经的身份让您寸步难行，而新的行为会把您拉出这一泥潭。

您需要一个选择新行为的守则。今后，这一守则就是您的生活指南。所有的决定都要经过这一守则的筛选，所有的行动都要经过这一守则的筛选，所有的关系都要经过这一守则的筛选。如果出现不合守则的东西，我建议您把它清除出您的生活。

如果您的守则中有一条是诚实守信，而您的工作让您无法诚实守信，那您就该换个工作了。举例来说，您在一家为公众发电的电厂上班，但您深信火力发电正在破坏地球，您的荣誉准则就会要求您放弃这份工作去寻找一个更符合您的信念的工作。

您可以把这一守则叫作超级英雄守则。

超级英雄守则

为了制定这一守则，您需要先问自己一些问题。根据这些问题，您可以判断哪些东西对您十分重要，以及您打算如何生活。要使这一守则生效，它必须成为您真正的守则。它必须能满足您的严苛要求,能让您欣然接受。

虽然这样说,但有时候您不得不拒绝那些曾给您带来快乐的行为。不过,这就是始终如一的生活要付出的代价。

好吧,我们来看看这些问题。

(1) 您的生活中有哪些东西是非常重要的?
(2) 您如何在生活中创造相关经历以享受您在问题1中列出的东西?
(3) 您的生活中有哪些东西是不重要的?
(4) 您曾经创造了怎样的经历以发现问题3中列出的东西?
(5) 如果您必须说出过去曾有过的消极行为,前五种行为有哪些?
(6) 如果您必须说出最好的自我应有的行为,前五种行为有哪些?

现在,您可以利用对问题1、问题2、问题5的回答,制定您的理想生活应有的相关原则。

同样的,您可以利用对问题3、问题4、问题6的回答,制定您生活中不可接受的事物的相关原则。

把两套原则合并成一个文件,您就可以明确界定自己的立场及哪些决定对您非常重要。这样,您就有了自己的生活守则。

接下来的事情可能有些难办。

我希望您把这些问题和答案都打印出来,把它们放在您的钱包里或其他您能看得到的地方:您卧室的壁橱里面、您

解 锁
打破受害者情结

汽车的仪表板处、您工作室的陈列柜上或您格子间的墙上。

古时候的日本武士有一套对他们的生活方方面面做出规定的武士道。下面是几个被现代化后用于现代生活的例子：

- 不要参与办公室八卦。
- 承认错误，争取下次改正。
- 自己所爱的人道歉时要耐心和宽容。
- 通过注意饮食和锻炼体现自尊。
- 始终全力以赴。
- 始终保持个性。
- 即使面对压力也要坚持自己的道德信念。

只是把这一守则当作自己今后的生活方式的标准是不够的。您必须通过重复和行动将其纳入您的潜意识。您必须从现在开始遵照这一守则生活，而且无论结果如何都要坚守这一守则。如果您如实回答了上述问题，您得到的那些答案就能让您确定自己喜欢的是什么、让自己开心的是什么，同样也能让您确定什么东西对您没用或令您难过。

该守则由一系列原则组成，您根据这些原则接受某种经历或拒绝其他经历。最终，您会找回属于自己的力量，并且跟您的梦想汇合。

您能一直坚持这些行为吗？不可能。不过，如果您能清楚地看到这些行为，您就能阻止消极思维并用一系列更具激励性的新目标或自我承诺对其进行过滤。

我建议您按以下方式使用这一守则。

早上读一遍，切实感受这种新的生活方式将如何促使您实现最好的自我。同样，晚上读一遍，将这一守则纳入您的潜意识。

白天，如果您觉得无法做出决定或可能会做出一个对您并没什么真正作用的决定，拿出这一守则来读一下并反思一下：如果真的按该守则生活，我会做出怎样的决定？

通常这一问题本身就足以使您重回正轨，带您接近最终目标。

解　锁
打破受害者情结

游戏计划

为巩固您在本章学到的知识，希望您回答四个问题。我所说的回答并非那种花两分钟草草打钩了事的回答。

我希望您认真考虑以下问题并花些时间为自己构想真正的答复。这样做可以让相关知识深入您的潜意识并有助于您开启重获力量这一转型之旅。

◎ 问题 1　在 13~17 岁之间，谁对您具有像超级英雄一样的影响？他们教了您什么东西？

_____

_____

◎ 问题 2　他们教给您的东西跟您目前的生活方式之间有什么关系？

_____

_____

◎ 问题 3　他们有什么缺点？他们的缺点在您的生活中有何表现？

_____

_____

◎ 问题 4　您的超级英雄守则是什么？根据该守则，您会如何改变自己的行为？（参考本章相关内容制定该守则。）

_____

_____

04

第四章 目标的实现依靠行动

在自己的领域不成功的人有一个共同特征。对这一点我一清二楚,因为很久以来我就这样。

这一共同特征就是我们都缺乏勇气。

要在我所从事的网络营销行业取得成功,有很多事情要做,但我没准备好。多年来,我把潜力和结果混为了一谈。如前所述,"我们还有时间且有可能利用好这些时间"这一信念毁了很多人。我们等待、观望、拖拖拉拉,一直无法摆脱认为自己有足够潜力的安全网。

> 行动孕育勇气。
> 犹豫滋生怀疑。

我如今还记得意识到自己把才华与潜力跟结果混为一谈那天的情形。在某次活动上,我给一个朋友帮忙的时候发现他在展示中犯了几个错误。我马上记录了下来,准备告诉他。后来，我走过去跟他分享我那些洞若观火的、足以改天换地的发现时，他甚至连眼都没眨一下，把我的记录拿了过去，说他会考虑的。整个对话持续了还不到两分钟。

我当时觉得自己发现了他展示中的大问题，但他一点儿也不在意。对他来说，后端销售、把生意做下去及解决难题要重要得多。

我发现的情况很严重，没错，但就重要性而言，它们几乎是最不重要的。

就在那一刻，我意识到，在我自己的生意中我一直试图让自己的产品和培训尽善尽美。我不停地进行产品开发、确定概念、设计展示及录制内容。实施是次要的考虑因素。我向自己承诺：产品一切就绪才能发布。

我一直在思考什么时候才能知道产品是否一切就绪。花三十个小时够不够？还是到了哪一天就好了？别人跟我说产品已经够好了，是不是就等于产品够好了？

我没找到问题的答案。

对我的朋友来说，既能让他成为更好的展示者，又能增加销量和客户量才具有更大的价值。

在我自己的生意中，我也可以实施以下策略：促进进一步行动、加强时间管理及确保个人严格按要求开展业务等。

为了实施这些策略，我需要勇气。不幸的是，我缺乏勇气。我需要把能使业务发展的措施付诸实践。我必须从寻找有关策略、投资回报率、留住客户及客户生命周期等问题的

第四章 目标的实现依靠行动

答案转向在真实世界中的实践。

我知道该做什么,只是没那么去做。

对我来说,实施的勇气就是能改变规则的东西。我必须放弃对毫无瑕疵的需求及追求完美的嗜好。

有时候我们别无选择。对吧?

采取行动。

我放弃了务求完美的需求,发布了很多产品,我确信它们既能帮其他人过上更有成效的生活,又能帮他们赚钱。

我不知道选择依靠才华和潜力的轻松之路,而不采取可行的、有难度的或令人不适的行动是不是最近二十年出现的一种趋势。

成千上万个课程或活动都可能解决您最大的难题。任何事情都能解决,任何事情都能加以完善——只要您点击一下立刻购买!

这些方案大部分都能发挥作用,但它们必须被交到一个有这种意图和心态的人的手里。

通过购买产品来解决问题——比如,排除觉得自己不配获得成功的限制性信念——与决定用您刚买的产品消除这一限制性信念具有很大的差别。

一方面,您希望该产品有用;另一方面,您决定无论如何都让它发挥作用。

依靠才华和潜力是对这种思维更含蓄的一种表现。

一方面,您产生了新的项目预期,因为您有才华、有潜力，所以您早晚必定能够成功。这种思维意味着您在被动地使用您天生就有的技能。另一方面，孜孜不倦地把自己的才华和潜力用在某个项目上，利用您所有的技巧取得成功并交出自己最好的成绩，标志着您的勇气在发挥作用。

接受您缺乏勇气这一事实，依靠才华和潜力实现某个目标是受害者思维的一个隐蔽特征。

> 接受您缺乏勇气这一事实，依靠才华和潜力实现某个目标是受害者思维的一个隐蔽特征。
>
> 您的受害者情结正是由此而来。

试想一下，如果我给您提供世界上最好的原料、最新鲜的农产品、质量最好的草药和香料、完美的厨房和完美的帮手，您能做出世界一流的饭菜吗？

也许你们当中有些人可以（除了我）。

其中的力量和潜力就在那挥动刀具的手和创造魔法美食的大脑当中。

把书架堆满书、教程、车间手册和一页页潦草的笔记的那一刻是一个特别的时刻，此刻我必须承认自己的生活并不像自己曾希望的那样。

哪里出问题了呢？

我活在"早晚有一天"的白日梦之中，同时还说服自己

"我是在做正确的事情",因为我得到了某些结果。

我懒惰、不守规矩、随意、不专注,而且对别人说三道四。我嫉妒别人取得的成功,用自己的缺乏成就证明自己是个失败者。这是一个我必须信以为真的很棒的受害者故事;否则,我怎么能证明自己缺乏成就是合情合理的呢?

我对成功的定义是什么呢?

金钱及钱能买到的东西,新房子、最新款的车,或者能照顾自己的妻子以使我们有一些让我们拥有新的美好记忆的体验。

不过,说到底,我的内心有一种破碎的感受。所以,我喜欢上了容易一些的方案,或者说,我喜欢上了那些还能使我隐藏起来的方案。

我明显缺乏勇气,而且我把这一点极其隐蔽地藏在了潜力的假象之下。我用尽一切努力不让自己感到绝望,不把自己逼得退无可退。

> 我在自己的舒适区徘徊。
> 有多少人也在做跟我类似的事情呢?

如果您从起因和结果的角度考量我的行为,显然我是该方案的结果。我需要用这一方案修补好自己,否则我就没法前行并做自己能做的事情。我希望在相信自己已经准备取得成功之前就把自己完全治愈。我被怀疑所吞噬,因此,当我未能坚持到底时,我慢慢有了内疚的想法,从而让我觉得自己不仅毫无价值，而且不诚实。

我没有坚持到底。我是个失败者，还是个骗子。

怀疑令人疯狂，因为您永远无法通过直接攻击它来打败它。从本质上来说，怀疑将信念中的所有可能性都挤了出去。您无法通过辩论来摆脱怀疑。

通过勇敢地为自己的人生奋斗，您可以摆脱怀疑。现在，有很多技巧您都可以用来消灭怀疑，但您需要使用这些技巧并坚持下去的勇气。

面对现实非常困难。某天晚上，我问自己："克里斯，您真有这么做的勇气吗？您真的准备好冲上去了吗？您有这个胆子吗？"

我只能实话实说："没有。"

没料到，对吧？但这是事实。没有谁真的认为自己有这么做的决心，因为事实上他们并不清楚自己到底要做什么。

这是我的猜测，是一种信仰的飞跃。这意味着把握自己的现在——相信自己（当然您也能想到）或别人的成功——并带着强烈的欲望跳进未知世界以实现您的愿望。

害怕了吗？

是的。这就是迈出这一步者寥寥无几的原因。这就是这么多人生活在自己的舒适区的原因。当我们身处个人发展泡沫之中的时候，我们觉得自己跌倒时总会有人能扶我们一把。矛盾的是，如果我们一直不愿从确定性转向不确定性，我们永远不会超过指导我们的咨询师。结果，使我们成为更好的自己的行业却扼杀了我们的成长。

如果您参加过为期数天的个人发展培训，您就会了解这种感受。培训结束时，您跃跃欲试地准备解决自己的问题，准备征服您自己的"珠穆朗玛峰"。

但事实是，培训结束后，生活挡住了您的路，保持动力要比您想象的困难得多。您做过的所有事情及学会的一切，现在都受到了现实的威胁。

自我发展的泡沫让人感觉很棒、很安全、很有成就感，而且充满可能性。这是您的幻觉。

您必须了解您的咨询师或专家有什么目的；否则，您有可能形成对他们的依赖。这是一个大秘密。成功之路必须由您独自来走。我是说，您必须在身边打造一个在事情变得棘手时能帮助您的支持网络。为此，您往往需要一个团队。但您仍要独自实施一切。

夜深人静时，除了您自己，您没人可以依靠。

您需要一些真正的勇气来追求您的梦想，而且您可能永远也实现不了您的目标。

没什么事情是板上钉钉的：

（1）任何行动都无法保证您实现自己的目标。

（2）某个行动能让您接近目标。

（3）完全投入的行动也许能帮您实现自己的目标。

我说"也许"，因为谁也说不准。

解　锁
打破受害者情结

> 您必须想好自己是否愿意追求自己的目标。您准备为了最终获胜而冒失败的风险吗？

您有这种勇气吗？

在路上，您有机会把相关课程、书籍或咨询师作为进入下一个未知领域的踏板。

问题是……

您准备好了吗？

我希望您对实现心中的目标所需要的投入有一个清晰的认识。

目标各不相同，但它们都具有某种共同特征，包括：

- 未料到的挑战。
- 超出预期的更高层面的职业道德。
- 面对未知。
- 跟自己爱的人待在一起。
- 缺乏保证。

要实现一个当前只存在于您想象中的目标，您需要勇气。当您遇到自我怀疑时，继续前进需要胆量。

那么，如果不确定如何实现自己的目标，您该怎么办？

或者,您是否知道自己在直面这一挑战?有一个办法可以帮您穿越拦住您去路的崎岖山路:您必须从一开始就知道走上这条路的缘由。

了解缘由这一理念并不新鲜。不过,如果您同意,我想再深入探讨一下这个概念。

您如此行事的缘由是您前行的决定因素。在咨询领域,我们常常说,如果您的缘由足够充分,方式就显而易见。如果您的缘由足够充分,您选的道路——即您要做的事情——就不重要了。您会找到办法的。

我们看个例子。

约翰想从事咨询行业,帮年轻人在生活中变得有决心、有方向。

为什么这一点对约翰那么重要?作为一个十几岁的孩子,父亲去世后,约翰迷失了好几年。他觉得为了找回自己的激情和让自己兴奋的东西,他已失去了十年。如今,他希望能帮年轻人不再遭受自己曾经历过的痛苦。

约翰打算怎样实现这一目标?他打算完成自己的神经语言程序学(NLP)从业者咨询师认证,学习一系列能帮助年轻人的技巧和方法。

约翰接下来会做什么?他会研究那些教授神经语言程序学的咨询师并跟他们会面。他要在七天内决定选哪一位咨询师。

您的缘由是您的动力,不过,它推动的是什么呢?

人们的动机多种多样。从根本上说,动机包括两个因

解　锁
打破受害者情结

素：接近和远离。

接近性动机听起来是下面这个样子的：

我对未来感到很兴奋，我觉得自己正受到未来的吸引。

我非常热衷于自己的生意和事业，因为成功的想法让我充满了期待。

这就是我们都想有的感觉，对吗？那种每天早上把我们从床上拉起来的兴高采烈、动力满满、迫不及待的感觉。

另外一种动机是远离性动机。它听起来就像：

我对于曾经发生的事情感到害怕，我绝不允许自己再有那种感觉。我绝不让家人再受我受过的苦。我会竭尽全力避开那种让人痛苦的情况。

避免以前的某些痛苦的需求是远离性动机的驱动力。

避免伤害跟极力忍耐非常不同。

您认为哪种形式的动机在绝大多数人当中更为常见？当然，这两种动机都能激励我们，但其中一个更为有力。

如果您猜的是远离性动机，那您说对了。

绝大多数人会尽可能地避免过去造成的痛苦。深受接近性动机激励的人相对较少。

如果您曾经对某个目标充满动力，然而随后您的动机开始消退，很可能您是被远离性动机所激励的。

我来简单说明一下为什么会发生这种事情。

如果是接近性动机，我们会毫不费力地接近自己的目标，因为我们受其吸引。在这种情况下，我们会主动想要什么东西，而这种想法让我们有获胜的感觉。因此，图4-1中，通过带有致富动机的行动，我们逐渐致富。最终的结果是，我们有了更多的钱。

我们从第一点开始，然后我们进一步采取行动，沿途不断调整并继续专注于自己想要的东西——致富，我们到达第二点，然后到达第三点、第四点。每一步都让我们进一步接近我们的目标。

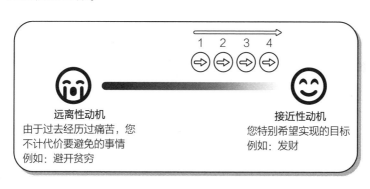

图4-1 接近性动机

选择远离性动机的人要多得多。虽然目标可能相同——发财，但这种人实现这一目标的动机正好相反。这种人的动机是避开贫穷。这种动机是如何起作用的呢？

人们从第一点开始，它与过去发生的您竭力避免的某件事或感受最接近。想象一下您伸出双臂去挡住某个想侵入您个人空间的人的情形。您会先伸出手阻止他们，然后再退后一步。在此，这一比喻同样适用。我们奋力摆脱以往为了避开贫困而遭受的痛苦，向第二点移动，我们离这种痛苦远一点就离我们的目标（发财）近一点。我们从第三点移动到第四点也同样如此。我们慢慢向发财这一目标靠近，但我们这样做却从未脱离避开贫穷这一焦点（见图4-2）。

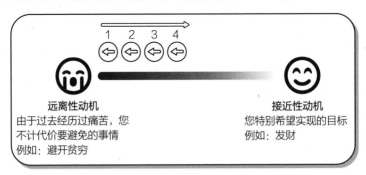

图4-2　远离性动机

最终，当我们离这种痛苦足够远时，这一动机就会开始消退。也许我们已经赚了一些钱，没有贫穷的威胁了。我们觉得贫穷走远了，我的动机也就衰退了，如图4-3所示。

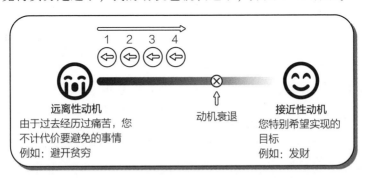

图4-3　动机衰退

处于这种状况时，人们会怎么做呢？他们会损害自我以重建这一动机。如果他们希望获得经济上的安全，他们可能会无意识地做一些事情以损失自己的金钱，从而重建这种恐惧或贫穷。如果他们的目标是身体健康，那么，他们可能会乱吃东西以重建与不健康有关的恐惧。为了避免不健康，他们会采取让自己接近健康的行动。

远离性动机需要一个针对自己的挑战。没有这种挑战，受这种动机激励的人的行动力会下降，需要做一些显然违背他们心意（他们对此一清二楚）的行为。他们会像发疯一样，希望能再次感受到那种动机，而他们所了解的唯一的方式就是制造某些真实生活中的挑战和问题。

不过，其实还有一种方法。

这种方法需要采取某些措施的胆量。这就是成功和失败的区别。

如果您选择远离性动机，那么，这一方法会让您的动机增加十倍。如果您选择接近性动机，那么，这一方法对您毫无作用。

别担心，我还有一个专门为您制订的计划。好吧，现在我们来谈谈这个计划。

针对远离性动机的过程

第一步

对实现您的目标必须采取行动的动机进行评级。使用

1~10的评价等级,其中 1 代表无动机,10 代表最大动机。要使该过程能带来真正的、明显的转变,您的动机等级应该在 5 以上。如果您现在动机很足,请选择一个动机等级低于 5 的其他目标。

第二步

思考一下您想竭力避开的情况。您想到这一情况时,您的大脑中有相关画面吗?这一画面可能是任何能代表您想竭力避开的那些情况的东西。不要对该画面进行任何判断,只要有这一画面就可以了。

第三步

这一画面的大小应该能让您轻松回想起来。我希望您把该画面放大到让您非常不舒服的程度,直到您觉得厌恶为止。一旦您体验到这种感受,锁定这一画面的尺寸。

第四步

把这一画面移开,这样它在房间的另一个角落就会显得小一些、暗一些。等到这一画面变得像一张邮票大小时,查看一下您的动机。它减弱了吗?如果它减弱了,完美!如果把这一让人讨厌的画面移开后您的动机会增强,可能您更容易受接近性动机的激励。接下来的过程会对您更有用一些。

现在,我希望您想象那幅让您讨厌的画面正快速地径直向您飞过来。

把它放大，一直放大到它能充满整个房间，在您眼前停住。

此时，您的动机有没有什么变化？

如果您非常容易受到远离性动机的激励，也许您会一下子变得很焦虑，而且有种强烈的冲动，希望能采取必要措施防止自己被这一可怕的场景吞没。

换句话说，您的动机增强了。

您看，您的大脑天生就知道怎么处理画面、声音和感受。这些东西是您体验的核心，因此，学会利用它们（就像上面的例子一样）将对您获得心中所想事物的能力产生重大影响。

针对接近性动机的过程

也许您猜测过对极易受接近性动机激励的人来说情况有什么不同。您大脑中的画面是您想要的东西——您有动机去实现的具体目标。

第一步

对实现目标必须采取行动的动机进行评级。使用 1～10 的评价等级，其中 1 代表无动机，10 代表最大动机。要使该过程能带来真正的、明显的转变，您的动机等级应该在 5 以

解锁
打破受害者情结

上。如果您现在动机很足,请选择一个动机等级低于 5 的其他目标。

第二步

想象您极其渴望看到的情形。想到这一情形时,您的大脑中会有相关画面吗?这一画面可能是能代表您所希望实现目标的任何东西。不要对该画面进行判断,只要有这样的画面就可以了。

第三步

这一画面的大小应该能让您轻松回想起来。我希望您把这一画面放大,直到您觉得它令您兴奋、刺激、强大而诱人。一旦您体验到这一感受,锁定这一画面的尺寸。

第四步

把这一画面移开,这样它在房间的另一个角落就会显得小一些、暗一些。等到这一画面变得像一张邮票大小时,查看一下您的动机。它减弱了吗?如果它减弱了,完美!如果把这一诱人的画面移开后您的动机会增强,可能您更容易受远离性动机的激励。如发生这种情况,请参考前述过程。

现在,我希望您想象那幅让您兴奋的画面正快速地径直向您飞过来。

把它从一枚邮票大小一直放大到它能充满整个房间,在您眼前停住。

此时,您的动机有没有什么变化?

如果您容易受到接近性动机的激励,那么,您或许会一下子变得很兴奋,非常渴望实现您的目标。

换句话说,您的动机在增强。

您可以根据自身情况选择其中一种方法。有时候您或许更容易受接近性动机的激励,有时候您或许更容易受远离性动机的激励。您的目标是增加您的动机以便继续开展实现您的目标所必需的那些活动。

痛苦的保证

我们都希望事事有保证。

开展行动时,我们希望能有什么东西保证我们得到相应的结果,即我们希望得到的特定的结果。这是关于保证的有趣之处。我们不仅希望得到某个结果,而且最好能得到自己想要的结果。

您所走上的这条重新把控自己的生活、从结果转变为起因之旅有很多种保证。

不过,最重要的保证,能让您实现最深刻、最具变革性转变的保证,也是您最希望避开的保证。

这一保证就是痛苦。

转变为积极有力的心态会带来一种副作用,即您会默认

解 锁
打破受害者情结

痛苦挡住了您的去路。

好吧,在您扔掉本书,给我发封电子邮件嘲弄我给您提供的动机不当之前,考虑一下生活的真相是什么。无论您何时为了某个目标或某个您梦寐以求的东西而努力,您都会遭遇挫折或障碍。这些东西会让您深受伤害。

> 目标越大,在您实现目标的旅途上,您就越可能遭遇痛苦。

绝大部分人都没有做好相应的准备。

以我们那个虚拟的、刚开始从事咨询行业的客户约翰为例。在他打造成功的事业之路上,他可能遇到怎样的痛苦呢?

被拒绝,熬夜,几个月以来不断犯错,没空陪伴家人,以及恐惧、怀疑、不安。

以下就是在您追求想要的东西之旅中我要给您的保证:痛苦、被拒绝、熬夜、自我怀疑、错误。

这只是游戏的一部分。问题在于,您为什么要这么做?

您必须有一个足够充分的理由让您穿越挡住您去路的怀疑风暴。无论您树立了怎样的目标,均是如此。

如果您想减肥,即便您方法正确,有几个星期您还是会减得非常少,甚至体重有所增加。

如果您正在写书,有时候您写下来的那些字句可能就像一个三岁孩子用蜡笔胡乱写的废话。

如果您刚开始做播客,有些日子(很多日子)可能没人在听,唯一在乎您的只有您自己。

如果您正打理您的婚姻,有时候你们可能会连着吵好几天,你们之间的沟通就像对牛弹琴。您甚至可能觉得你们两个人没有共同点。

如果您在经营生意,有时候您兴冲冲地一次又一次推销您的产品,但没人购买您的产品,甚至人们碰都不想碰您的产品。您一无所获!

这些就是您为了自己的目标采取行动时可能遇到的挑战。任何人都能树立自己的目标。但面对这些挑战时,如果您能睁大双眼、积极应对、有始有终且意志坚定,那么您跟那些不愿意这样做的人就有了根本区别。

那么,我们在遇到障碍时为什么会感到那么惊讶呢?遇到困难时,我们为什么那么容易向那种碌碌无为的生活摇摆呢?

答案非常简单……

正确视角的挑战

我们缺乏应有的视角。

保证在场、活在当下具有消极的一面,即我们可能偏离自己一直以来的旅程。

以迈克为例。迈克的体重严重超标,他希望能减70公斤。他跟医生制订了一个计划，找了一家健身房还聘请了一位营养师。他积极减肥，因为他想为自己的孩子这么做。

他认识到，如果不恢复健康，他可能活不到孩子高中毕业的时候。

他有很强的动机。

三个月内，迈克减掉了18公斤体重。这是很了不起的成就，他正朝着实现理想体重的目标前进。但是，当迈克照镜子的时候，他觉得自己现在的样子跟自己的目标相比还差得很远。自己的目标看起来非常遥不可及。

现在，他腰上还挂着大大的"游泳圈"，软塌塌的双臂上还是看不到肌肉。他不好意思穿短裤，因为自己腿上还有一团团赘肉。

不过，他仍然没放弃自己希望的那种美好体型：身材修长，有六块腹肌，还有健硕的肩肌和背肌。他想要血压恢复正常，希望拥有跟孩子在院子中玩耍所需要的体力。

他继续努力。接下来的三个月中，他减肥的速度慢了下来。他没能像以前那样减掉18公斤，这次只减了10公斤。再次照镜子时，迈克觉得自己退步了。

锻炼越来越难。他做托举、摇摆、推拉，该做的事情都会去做，但减肥的效果还是降了下来。他的减肥策略也不太令人满意。

迈克开始怀疑自己。

他会时不时吃点儿零食，为的就是缓和一下自己如过山车般的情感起伏。

痛苦也加入了进来。

不过，要是迈克能用一种不同的视角看待自己选择的道路，会怎么样呢？他能意识到自己从肚子大得看不到自己的腰带到现在穿牛仔服也照样合身吗？他会对自己镜子中的样子及能激励他人照顾好自己的身体感到骄傲吗？如果他能以欣赏的眼光看待自己的双臂变得柔韧且自己的腿型也变得漂亮起来，那会怎样呢？

如果他注意到的是自己现在能在跑步机上跑 10 分钟而不是还跑不了 30 分钟，那会怎样？

他会有动力继续前行而不憎恨最新的成果吗？是的。

他会更有动力去找个锻炼计划的替代方案，以便自己的投入能有更好的回报吗？当然会。

像迈克一样，我们都希望无论做什么都能马上得到回报。在很大意义上，这取决于我们在 21 世纪消化信息的方式。

> 我们一直希望能更快得到回报甚至马上得到回报，这使我们更难专注于长远目标。

如果做什么都能马上得到回报，遇到困难时坚持自己的道路还会有什么难度吗？

人们甚至还给分心起了一些可爱的名字。现在，人们

解 锁
打破受害者情结

最喜欢的叫法是新奇事物综合征。我相信您肯定听说过这一叫法……将注意力转移到下一个吸引人的东西或目标的趋势。

为成功人士提供咨询时，我注意到他们都有一个令人羡慕不已的优点：保持专注的能力。这也是我服务过的那些行动不一者最缺乏的特质。

无论我们给它们贴上什么样的标签，无论是新奇事物综合征还是精神障碍诊断及统计手册（DSM）中那些官方认可的医学名词，其结果都一样。我们都有自己的目标，但是，除非我们能控制好自己的专注点，否则我们就无法实现这些目标。

不能控制自己的专注点是孕育失败的温床。

> **受害者情结之镜**
>
> 不能控制自己的专注点是孕育失败的温床。
> 您的受害者情结正是由此而来。

为了控制自己的专注点，您必须储备两套标尺：

1. 您去往何方？（即您未来的目标是什么？）
2. 您来自何处？（即您走过的路是什么？）

这两个问题将使您保持稳定的动机。它们要求您为旅程注入更多的勇气。您将不得不下定更大的决心才能继续向您目标所在的未知领域前进。

为了到达这一领域,您还需要从旅程中获取勇气。这样,您就有机会注意到对自己有用的东西。

想象一下某艘邮轮的船长。他定好了从夏威夷到洛杉矶的航线。船上的仪器显示他们将经历一场相当猛烈的暴风雨。因此,他采取了必要的行动。他封了舱口并采取了专门为这一状况设计的一系列行动。这些行动让人喜欢吗?不。乘客们喜欢邮轮上额外的颠簸吗?不。他们会晕船吗?肯定会。会不会有人需要看医生?很有可能。不过,他们知道——确定无疑——风暴的彼岸才是自己的目的地。为了到达彼岸,他们做好了一切准备。

对于追求您的目标,您也必须这样做。您要以最坚韧的外表、坚定的决心、面对一切的勇气及采取正确行动的智慧提升为了实现自己的抱负而奋斗的实力。

解　锁
打破受害者情结

游戏计划

为巩固您在本章学到的知识，希望您回答四个问题。我所说的回答并非那种花两分钟草草打钩了事的回答。

我希望您认真考虑以下问题并花些时间为自己构想真正的答复。这样做可以让相关知识深入您的潜意识并有助于您开启重获力量这一转型之旅。

◎ 问题1　为了实现您的目标，您愿意做出怎样的牺牲？
　　_____
　　_____

◎ 问题2　您在哪些方面能更勇敢一些，能结合您的勇气和韧性运用您的才华？
　　_____
　　_____

◎ 问题3　您为何要继续奋斗下去？
　　_____
　　_____

◎ 问题4　您今天能做出什么勇敢的举动？
　　_____
　　_____

05

第五章　您还不是克隆人

科技正在飞速发展。无疑，在不久的将来克隆人就会出现。我们已经有了克隆羊多莉，而现在还有很多公司正为您的宠物推销克隆服务。

当然，人们对这一趋势的发展还存在很多伦理或道德方面的分歧和争议。

从宠物克隆到人类克隆还有多久？我不知道。2017年，人们首次成功克隆了灵长类动物，据报道，有两只雌性灵长类幼崽顺利降生。

不过，现在您还不是克隆人——当然，如果您读到本书时是在未来的某个时间……

个人发展行业中的克隆人比比皆是。他们是一些善意的、您最初的咨询师、导师或大师的复制品。

他们听起来完全一样，穿着完全一样，说的话完全一样，甚至拥有的习惯也完全一样。但他们不是原版。

我们对此有个专门的叫法：模仿。

模仿

模仿是一个过程，包括弄清那些成功地做到您想做之事者的行动和行为，对这些行动和行为进行调整以使其适合您的能力和偏好，以及您对它们的实施。

以下要点对此做了很好的解释：

- 人们想方设法地改善自己的生活或实现自己的目标。
- 事实证明，有一种方法能够做到这一点：树立样板。
- 树立样板是指追随其他人用以实现类似目标的步伐。
- 往往您只需复制这些步伐就能获得跟您模仿的人相同的结果。
- 然而，有时候简单地模仿是不够的。您利用这一模仿进程并根据自己的具体需求进行调整时就是如此。

将您崇拜的人的行为、信念、习惯和心态装入自己的神经系统后，事实上您就安装了一个新的操作系统。

您对自己的大脑进行重组，为的是能像您模仿的人那样思考和行动。

这样做合乎逻辑。如果两个人具有非常相似的技能并采用相同的心态和行动，他们就应该得到相似的结果。但结果总会有所区别，人们假定您可以通过这种模仿过程改善自己

第五章　您还不是克隆人

所获得的结果。

假设您买了一台电脑，其操作系统陈旧、无效且缺乏维护。这台电脑能有效运行吗？也许它的某些功能可以很好地运行，某些功能不太好用，而那些需要最新应用的功能则完全无法运行。这台电脑会死机、会出现操作延迟或需要反复重启。

虽然您的神经系统要复杂得多，但其工作原理十分相似。

为了得到某个新的结果，您需要更新驱动您的操作系统。目前，您找不到自己的操作系统，也不了解您的潜意识用来为自己做决定的那些规则或准则。

这听起来可能有些让人害怕，就像您是一位公交车上的乘客，但您看不到司机也没法跟司机示意。如果这辆车正把您带往一个您不想去的社区，您必须改变路线、换个司机或下车。

我们改变自己的操作系统——即我们的潜意识做决定的方式——就像改变控制我们生活的那辆公交车的行驶路线。

> 改变潜意识最容易的方式就是重复我们的行为或想法。

正如健身房里的重复训练能强化肌肉一样，重复行为会让潜意识获得一种新的信念。

那么，您应该重复什么样的行为呢？

成功行为。

解　锁
打破受害者情结

在我们的神经语言程序学大师训练班上，我教学员们如何模仿我折断一块两英寸（1英寸＝0.0254米）厚的木板。我展示了这一技巧，他们必须通过提问来确定我的动作、想法、姿势和技巧。他们一旦获得这些数据，那他们只需复制有效做法即可。（是的，我折断了木板，最终他们也折断了木板。）

模仿的力量非常强大，因为您是在跟从某个已经得到您想要的结果的人的行动、行为或想法。成功已经得到了证明，怀疑随之而去。您知道成功是可能的，因为您看到咨询师已经取得了成功。

模仿就像学习骑自行车、开车或做饭。

不过，大部分人都没有把这一原则应用于自己的目标。这令人遗憾，因为这一原则的确有用。

举例来说，您的一个朋友靠每天跑5英里（1英里＝1.609千米）来保持体型。您试了试，但您很快发现跑步对您来说纯粹是一件苦差事。因此，您不再跑步了，而是找了一种适合您体型和生活方式、可以坚持下去的锻炼方式。您没有盲目地复制朋友的做法，相反，通过设计某个适合您的锻炼方法模仿了他。

模仿就是指分析对其他人有用的做法，对该行为进行调整以使其适合您及您的目标。

您必须始终通过您所希望的视角来解释您的行动。谁都没法告诉您生活应该是什么样子的。这取决于您自己。

如果您在追求自己目标的过程中迷失了自我,最终选择了囚笼一般的生活方式,我认为这种做法不值得。

回报

我们再来说说立刻得到回报这件事。我们希望马上看到结果,而且希望尽可能少花力气。

您可能在网上的咨询广告中看到过以下标题:

- 您绝不能错过的让新客户对您失去抵抗力的唯一技巧。
- 一件鲜为人知的能为您大幅减少实现目标的时间的小事。
- 别人不想告诉您的令您工作量减半且收入翻番的秘密。

它们有什么共同点?

它们都承诺能快速解决问题。您当然不想错过这样的东西,是吗?

这些强大的营销技巧很有用。买家听完就动心了,因为他们希望通过最少的努力就能实现自己的目标。

成为起因意味着要为该旅程、学习过程、相关行动、相关目标及自己在该旅程中的角色负责。成为结果意味着把自己的所有力量交给某种外部补救方案。

成为结果对您的底线具有负面影响。您越觉得需要购买下一种解决方案,您要花的钱就会越多。结果,您会一次次重复这一做法。

解　锁
打破受害者情结

> **受害者情结之镜**
>
> 您越觉得需要购买下一种解决方案，您要花的钱就会越多。结果，您会一次次重复这一做法。
> 您的受害者情结正是由此而来。

跟来自世界各地的客户合作过之后，我发现一个最常见的问题，即人们都在过着父母那种生活。我们从父母那里学会生存所需的行为，而且我们还——往往无意识地——决定像父亲或母亲那样为人处世。

我自己就有这样的经历。

我觉得父亲（可能有些不公正）一生中取得的成就不够多。

以前，我们住在政府资助的住房里，家里总是缺钱。我们没车，没钱让全家一起度假，而且极少出去吃顿好的。

以前，我没意识到，全家从希腊移民、不得不照顾多病的母亲（按父亲的说法，自从他们相识起，母亲的身体就一直不好），父亲可能经历了很多困难。

他不停地更换工作，最终到悉尼歌剧院从事建筑工作，结果工作时脚一滑摔了下来，摔伤了后背。从那以后，他再也没能彻底痊愈，再也没能守住一份全职工作。而且，他的后背老是出问题。

我心中对他有所指责？也许是的。

我的弟弟比我小四岁，出生时早产。他还在保育箱里面的时候，由于医护人员没盖好他的眼睛，导致他的眼睛被氧气灼伤。我不知道为什么父母没起诉那些医护人员。我问我的父亲的时候，他说不记得了。

自己找罪受

我们家的经历好像太戏剧化了。我觉得自己的童年生活要比其他朋友的更加艰难。从我父亲身上——是的，也间接从我母亲身上——获得了一种观念，即生活本来就不容易，在任何有价值的事情上取得成功都意味着要克服障碍或困难。

由于我接受了这一观念，我开始有意识或无意识地创造逆境。例如：

- 我患有焦虑症。（我一直试图控制自己的环境。）
- 我直到 23 岁才开始开车。（我的父母不会开车。）
- 大学毕业半年前我退了学。（我也许能顺利毕业，但我最好能确保自己不要顺利毕业——很疯狂，对吧？）
- 有位出版经纪人愿意在欧洲为我做代理，但我没跟他合作，因为我觉得他无法对我坦诚以待。（他不可能相信我的才华。）
- 由于背伤（跟父亲的伤巧合），我停止工作半年且晋升

解 锁
打破受害者情结

　　也受到了影响。最终我不得不离职，因为我做不了那份工作。（跟父亲在悉尼歌剧院做架子工时摔下来之后的情形一样。）

- 我推迟了第一部书的完稿时间。（我延迟了该书的写作，但实际上没必要如此。）
- 我推迟了生意上的现场活动。（采取行动前我需要完善相关准备活动。）

　　直到妻子提醒我，我才意识到自己正在重复父亲过的那种生活。具体来说，我弄乱了自己的生活，这样我就能同苦难做斗争，克服这些苦难将证明我值得取得成功。

　　我继承了父亲的很多信念，但我并未意识到这一点。不过，公正地说，我也继承了那些使他成为一个充满同情心、爱、体贴、幽默和力量的人的观念。如今，我明白他付出了最大的努力，他以温和的同理心和体贴代替了对他人的评头论足。我想人年纪大了就会这样。

　　我很爱父亲，他如果不在了我会非常想念他。能像他那样影响到我的人寥寥无几。

　　父亲，感谢您帮我成为今天的自己。

　　我必须承认，意识到自己很多行为都基于父母的生活有些令人害怕。

　　事实上，您的核心信念和行为也许并不属于您自己。上一次您停下来反思以下问题是什么时候：

我为什么有这样的信念？

这种信念来自哪里？

我的生活经历支持这种信念吗？

这种信念是一种帮助还是一种阻碍？

意识到自己拥有能改变于己不利的信念是一件令人感到解脱的事情。为此，我们就要意识到自己是否从他人那里抄袭了这样的信念。

我常常跟客户开有关世代信念的玩笑。如果您的核心信念是从您的父母那里得来的，难道他们的核心信念不也是从您的祖父母处得来的吗？

> 有些信念得以在您的家族当中一辈辈流传下来，因为从来没人质疑过这些信念。

这个人可以是您，此时此刻的您。

如果我们在不理解他人更深层次的特殊信念和想法的情况下模仿他们，那么，我们可能遭遇让我们想放弃自己梦想的失败。

近来，"雪花国"一词被传得沸沸扬扬。这一说法的意义在于：作为一种文化，我们变得像雪花一样脆弱。遇到一点点热，雪花随即消融。

很多人的生活经历就是这样的。

熟悉的东西或现状令人觉得舒适而安全；穿越我们的梦

解　锁
打破受害者情结

想或目标所在的未知之境、未知领域令人不寒而栗。因此，我们需要地图，需要一条能一步步带我们走到这一宝地的道路。

只要有一个有关如何成功的计划，我们面对逆境就会甘之若饴。

没有相关计划，我们会觉得危险、脆弱，觉得无力在令人眼花缭乱的选择迷局中理清头绪。我们会跟那些似乎天赋异禀、善于处理迷局的人进行比较。

做出此等判断后，我们就会宣称自己是个失败者。

我们试图在自己的舒适区之外寻求成功，同时固守那些让我们始终安全的信念和行为。

> **受害者情结之镜**
>
> 我们试图在自己的舒适区之外寻求成功，同时固守那些让我们始终安全的信念和行为。
>
> 您的受害者情结正是由此而来。

我们都知道，恐惧必须予以克服，损失无可避免，黑夜就在眼前。矢口否认这些，我们就会滑入受害者情结的深渊。

即便我们迈出向前的第一步，我们也会不时张望，看看有无前行者。

我们都需要引路人。

此时，对您的更宏大的使命来说，如改变世界或以有意义的、独特的方式影响周围的人等，模仿都是一件危险的事情。

模仿他人，我们就可能失去自己的独特之处，失去让我们脱颖而出的天赋。

模仿让您具有某种程度的安全感，因为相关结果已经得到了事实的证明。

但是，如果您的所有行动都是对他人的模仿，那么，您永远无法将自己的独特才能发挥到极致。当然，人们会模仿他人以树立信心和勇气、获得成果和社会认同，但要培育原创性、进行艺术创作、著书立说、创办能塑造一代人的商业，您都需要利用您灵魂内部的原创性魔法。

不过，现实是世上只有一位托尼·罗宾斯（Tony Robins）、格兰特·卡登（Grant Cardone）、兰迪·盖奇（Randy Gage）、加里·威（Gary Vee）、乔丹·贝尔福特（Jordan Belfort）或韦恩·戴尔（Wayne Dyer）。

由于他们坚持原创，所以他们能成为世界知名人物。他们无愧于自我。

并非所有人都喜欢加里·威的直接法或托尼·罗宾斯的高能高效，但他们都活得非常真实，因而其追随者众多。

您在哪些方面能更有创意呢？

您如何才能更好地表现自我呢？

您的原创性因素

这个世界不需要另一个看起来或听起来都像最新的社交媒体新星的大师。当您看到有人在照片墙拥有数百万追随者、有人上传到油管网上的视频播放量达到数百万或在脸书上地位显赫时,您很容易被某个承诺最快解决您所有问题的方案所吸引。

您绝对可以学习他们为了成功所采用的策略。但关键的区别因素并非其内容、照片、色彩或相关发布的次数。

如果成功只关乎这些东西,那么所有人都能取得同样的成功,而他们所取得的成功也会正常化。这些"专家"再也不会显得那么成功。

除了他们发布的详细描述自己所作所为的那几百万个帖子、播客和视频,社交媒体影响者似乎拥有令其超凡入圣的诀窍。

那么,那种足以督促您更快实现自己目标的差异在哪里呢?

这一差异就在于您自身。

您独一无二。您就是最终的原创之源。这些原创就是您自己眼中看到的、自己耳中听到的有关这个世界的独特表达。

举例来说,如果您和我看同一场足球比赛,但我们支持的球队正好相反，我们对于该场比赛的说法会非常不同。

相同的比赛，相同的球员，相同的比分，不同的叙述。

缘由就在于我们不同。

这种原创性让我们害怕。我们的特立独行而非积极融入会成为滋生焦虑、抑郁等的温床。特立独行让我们被迫面对一种原始恐惧，而我们希望马上得到满足的需要又放大了这种恐惧。

对于拒绝的恐惧

我们要直面恐惧。绝大部分人只是不愿意采取行动创造自己想要的生活、追求自己想象中的目标。

缘由在于人们害怕特立独行。

我们面对的所有限制性信念都变成了要面对这一恐惧。

不相信吗？我们来看看人们不采取行动最主要的缘由（借口）。

- 恐惧成功（如果我成功了，我会变得不一样，而且我可能会失去那些对我重要的人）
- 恐惧失败（如果我失败了，我只会向自己及所有人证明自己有多失败，以及我多么需要别人才能幸存下来）
- 没时间（我没时间追求这一新目标，因为我的时间都用在了其他事情和责任上。人们需要我，如果我让他们失

解　锁
打破受害者情结

　　望，他们可能会离我而去）
- 没钱（我没钱追求自己热爱的东西，而且我害怕走出家门展现自己的价值，因为我可能被拒之门外）

直面拒绝

　　我们最怕面对拒绝，因为它会触发我们对于接受和适应社会的重大需求。当然，这是古人的生存之道。彼时，人们会彼此抱团。

　　当时，落单意味着必死无疑。待在部落中才会幸存。

　　在当代世界，只作为部落的一员（照抄首领的行为）是不够的。那些追随首领的人可能很喜欢我们，但谁也不会真的在意我们的言行。毕竟，我们只是在机械地模仿部落首领罢了。

　　对于那些部落之外的人，情况同样如此。即便我们像首领一样行动，像首领一样思考，像首领一样说话……任何人都能直接去找真正的首领，他们怎么还会在乎我们呢？

　　问题在于，我们会不知不觉地随波逐流，我们的理念也会随之改变。我们跟那些同样照搬首领做法的人没什么两样。

　　要解决人们在模仿中迷失自我这一问题，那就在于原创性。

　　在要求客户思考原创性这一话题时，我往往面对的是一些茫然无措的凝视。他们已经忘记了如何进行原创。

人们普遍的自动回应是恐惧。

您想到原创性这一理念时也是这样的感受吗？

无言以对，噤若寒蝉。我们的大脑开始变得迟钝，惊愕万分。原创性令人倍感压力。让我们进行原创就像让我们去做一件极其陌生的事情。

如果我们犯了错，那该怎么办？

如果我们失败了、被人嘲弄、被评头论足或被误解，那该怎么办？

原创有风险。

一个富有独创性的姓名品牌是作家斯蒂芬·金，但人们对他的反应远没有那么群情激奋。他的名字几乎等同于他的恐怖小说，他创下了作品被改编成电影的最高纪录。

斯蒂芬·金为何如此成功？从刻画人物的角度来看，他讲的故事极具独创性。斯蒂芬·金本人承认，他书中的情节并非提前设定，相反，他更喜欢写作过程及读者带给他的意外灵感。

人们一直在模仿斯蒂芬·金。但斯蒂芬·金只有一个。

那么，这跟您有什么关系呢？

> 如何才能把自己从大师那里学到的所有技巧变成自己的技巧呢？怎样才能把他们的力量转移到您的身上呢？

解 锁
打破受害者情结

如果您拥有一家公司,您如何才能引入某种程度的独创性从而令您在众多竞争者中脱颖而出呢?

如果您是一位艺术家,您可以用您的画布做哪些从未尝试过的事情呢?

如果您是位作家,您在自己的书中能提出哪些新的观点呢?

咱们以马克·Z. 丹尼利斯基(Mark Z.Danielewski)的《叶之屋》(*House of Leaves*)为例。维基百科对该书的介绍如下:

> 《叶之屋》一书结构不落俗套,页面布局不同凡响,可谓遍历文学[一]作品的典范。该书脚注众多,并且注中带注,多引用虚构作品、电影或文章等。相比之下,有些页面仅包含以特殊方式反映相关事件的寥寥数字或几行,往往带来兼有恐旷症[二]和幽闭恐惧症[三]特征的效果。有时候,读者必须把书转过来才能读得懂当页内容。该小说与众不同,拥有多位以纷繁复杂、令人迷失的方式进行互动的叙事者。

《叶之屋》一书纯属原创,令人过目不忘。

[一] 遍历文学是指读者需要付出超常努力才能读懂的文学作品。因为这些作品往往有些不合乎逻辑。

[二] 读者无法离开本页面。

[三] 本页面向读者逼近。

第五章　您还不是克隆人

您不必喜欢这本书。

无疑，丹尼利斯基因为该书的布局成为众矢之的，人们认为其令人困惑、结构凌乱且懒散不堪。

但该书也被称为天才之作。

丹尼利斯基创作该书不是为了从众。他写了自己想写的书，而且是按自己的方式、风格和想象力写出了该书。

您该怎样做才能反映您的方式、风格或想象力呢？

您的答案取决于您的专业领域。显然，很多极具原创性的领域，如写作、艺术或建筑，让您具有更大的表现力。不过，如果您好好想想，不论您做什么工作，在哪个行业，您都能实现原创。

我的很多客户都经商，因此我要让他们弄清自己有哪些独到之处。他们有哪些有关原创性的故事？他们有哪些看待这个世界的独有方式？他们能说出哪些独一无二的东西？

罗杰的故事

我的一个客户罗杰经常自我怀疑和感到孤僻。

作为一名厨师，罗杰希望自己开公司。如果您背着限制性思想的包袱，一下子换到经商这一领域并不容易。罗杰的限制性思想包括：

- 我只是个厨师罢了。

解 锁
打破受害者情结

- 经商是聪明人才能做的事情。
- 我永远赚不到足够生存下去的钱。

这就是过去几年中罗杰给自己讲的故事。他受到了这些想法及这些想法带来的相关感受的影响。重要的是，他觉得只有解决了这些问题自己才能变成一名生意人。

罗杰不仅是一位厨师，还喜欢唱歌。偶尔他会在当地的酒吧进行表演（仅凭一把吉他和一个麦克风），而且也取得了一些成功。他偷偷地跟我说："音乐点亮了我的世界，而做厨师让我有钱付账，事情就是这样。"

"您想一边经商一边玩音乐吗？"我问道。

罗杰考虑了一会儿，说道："是的，我希望能通过为那些崭露头角的艺术家制作音乐以帮助他们，我也希望自己的音乐能取得更大的成功。"

他来见我时跟我说他已经厌倦了在厨房切萝卜或削土豆。他想做点儿别的事情，当天就想离职。

不过，如果您身上还有一笔抵押贷款，那就有问题了。

罗杰的朋友们早就向他灌输了那些陈词滥调。

要有感激之心。

要知足。

有份收入不菲的工作应该感到庆幸。没工作的人太多了。

可是，如果您觉得每天都在苦熬等死，那又有什么意义？日常激励模因无法解决任何问题。

我们的咨询就此开始。

在为罗杰提供的为期六周的咨询服务中，我们探讨了他的自信问题及他能成功地当一名歌手和制作人的观念。罗杰逐渐认识到自己在模仿其他成功艺术家的风格。他有自己的声音，但他并不知道这一声音的存在。不了解这一点，他就无法成功地投身商界。我让他每晚创作一首原创歌曲。我不在乎歌曲的长度、歌曲的质量，甚至是否创作完后就随手扔掉了。

通过让他每天有意识地创作原创音乐，我们开始强化他的原创能力及他有关自己是一位原创艺术家的信念。

最终，罗杰取得了成功，因为他放下了对该进程的抵触，并且让自己完全成为一个起因。他换上了自己喜欢的行头。

他想怎样扭动自己的身体就怎样扭动自己的身体。他以自己的方式进行表演。

想象一下滚石乐队的米克·贾格尔（Mick Jagger），您就知道他表演的样子了。

咨询结束后，罗杰开始在网上发行歌曲——真正的、完全属于他自己的作品。

您具有原创能力。您是独一无二的。

在您的生活或业务中，您做什么能表现您的原创性及表现出一个更好的、更确定的自我？

一种新的育儿方式？

一种新的沟通方式？

解　锁
打破受害者情结

一种打造客户群的新方式？

一种接洽顾客的新方式？

一种思考节食或锻炼的新方式？

您看，总有办法改变您对事物的看法，让您对其另眼相看。这就是我们正在走的路。即便您最隐秘的问题也能用某种新的含义——以新的视角——加以重构，而这些问题看上去也不会那么棘手。

> 对很多人来说，原创性思维就是通过某个不太在意问题本身的视角来看待自身问题的勇气。

您要保持原创性，打破让您陷入困境的思维模式，提一些问题以激发新的理念、未探索过的思维进程，考虑非凡或不可思议之事。

以下问题供您参考：

1. 我对自己的问题有何观点？
2. 局外人或某个咨询师对这一问题会怎么看？
3. 问题出在我自己身上吗？我就是问题本身吗？
4. 这一问题的解决方案是否显而易见？
5. 如果还没有解决方案，我该到哪里去找这一方案？
6. 有什么事情是为了找到解决方案需要了解但我并不了解的？
7. 我为何没能找到该解决方案？
8. 解决方案是什么？

游戏计划

为巩固您在本章学到的知识,希望您回答四个问题。我所说的回答并非那种花两分钟草草打钩了事的回答。

我希望您认真考虑以下问题并花些时间为自己构想真正的答复。这样做可以让相关知识深入您的潜意识并有助于您开启重获力量这一转型之旅。

◎ 问题1 请列出三个妨碍您的信念,并且写明其来源。

◎ 问题2 请列出三个您现在信守的反信念。

◎ 问题3 您在不经意且机械地模仿谁?

◎ 问题4 您如何才能变得更有原创性、更自我?

06

第六章　您的行为让问题久拖不决

一谈到成瘾，人们就会蠢蠢欲动。

这个我懂。

有一些非常糟糕的成瘾症，它们本身足以摧毁人的心灵、身体和精神，更不用说对家庭、家人和整个社区的影响了。只要想一下非法药物（以及处方药）、酒精、赌博、购物、性及无数其他物质和活动的上瘾性，我们就知道人们多么容易陷入某个黑暗的漩涡。

维基百科对成瘾的定义如下：

成瘾是一种大脑功能紊乱，表现为为了获得刺激而不顾有害后果的强迫性行为。

《牛津词典》中的定义如下：

出于习惯，无力停止使用某物或从事某种行为，尤其是有害的事物或行为。

我并不相信所有的成瘾症都是一种大脑功能紊乱。当然，有些成瘾症确实是大脑功能紊乱，而有些成瘾症是被不断重复但从未遭到质疑的习惯性模式。

这里有一个可以说明我的看法的好笑的例子，那就是刷牙。

也许您每天都用同一只手用同样的方式刷牙。我知道自己确实如此。我总是用右手以特定的方式刷牙（强迫性行为），因为我感觉这样刷牙很自然（获得刺激），尽管这种习惯活动会造成有害后果（失去另外一只手的灵敏性）。

我成瘾了吗？

根据上述定义，答案是肯定的。

我认为更公平的分析应该包括我们赋予相关事件的意义。对我来说，因为我不用左手刷牙、写字或擦盘子——或进行任何活动——令其失去微不足道的一点儿灵活性并不重要，对我及我的生活也没什么有害的影响。因此，这并不算什么问题。

我希望您格外当心您给自己贴的标签，尤其是有关心理健康方面的标签。一旦您接受了某个标签，就难以对其加以改变。

某些成瘾症显而易见；其他成瘾症则难以发现，而且往往它们看上去像是一些支持我们成长的行为。

树立目标之瘾

树立目标具有成瘾性和欺骗性。

解　锁
打破受害者情结

树立目标时，我们觉得就像为了成为最好的我们而前行。现实中，我们只不过空谈一下自己想成为怎样的人而已。树立目标为我们带来了一个可以用来瞄准的靶子。但是，如果我们不拉弓射箭，我们又比那些没靶子可瞄的人好到哪里去呢？

请您思考一番。

有人可能会说没有目标的人更好一些，因为他们不会产生瞄准的错觉而事实上根本无意射中什么东西。

作为一名成功人士，您也许认为目标非常重要，没有目标，自己的人生之旅就会失去方向。如今，对目标进行分类和定义，并且让目标深入我们的潜意识已经成为一个行业。

在谷歌上随便搜索一下如何设定目标，搜索结果的数量让人震惊。

首页上随处可见以下标题：

- 设定您的目标并使它们得以实现。
- 成功设定目标的五条黄金法则。
- 个人目标的设定——如何设定明智的目标？
- 目标的设定是注定失败的秘密所在。
- 像老板一样设定目标。
- 目标设定——设定及实现目标的科学指南。
- 12步设定目标法（附有插图）。
- 何谓设定目标？如何设定好目标？

由于有这么多人搜索,相关商业定律随之启动。

几十亿人为如何设定目标、实现目标及克服困难出谋划策。

我们为何如此迷恋设定目标这一概念?

我认为设定目标本身就是传播受害者心态的一种方式,同时也是自助行业不经意间造成这一问题的另一种方式。目前,自助行业正设法解决这一问题。

如果您销售某些小玩意儿,最有可能购买这些小玩意儿的人就是曾向您或他人购买过这种小玩意儿的人。也许他们的小玩意儿坏了而他们决定买个新的。因此,您把自己的小玩意儿定位为最好的小玩意儿。买家到处求购,下定购买决心,最终购买了您的产品。

现在,假设买家已经想好了要买什么样的小玩意儿,而且他们自己就能制作这种小玩意儿。他们想从您这儿得到的只是规格及相关使用方法。

每次他们想要一个新的小玩意儿时,他们只需找到新的规格和使用方法。

您只是个指导者罢了。

这就是个人发展行业的实质。它提供了一条道路,一份可以指导人们制作自己的小玩意儿的指南。该行业不会代替他们进行制作,他们必须亲自制作。

我们一直在扩张。我们不会坐着不动,并且说:"嘿,我们该做的都做了。现在该让自己的大脑和双手歇一歇了。"

解　锁
打破受害者情结

我们永远在前行、在演化、在奋斗。

我们永远希望得到下一个小玩意儿，或者这个小玩意儿的新款。

人们喜欢那种自己可以独立做成什么事情的感觉。人们内心深处有一种愿望，希望进行创造、开拓，成为第一人、标杆，变得更好、更高贵、更快、更强，到达更远之境、征服四方或宣示主权。

这种强烈的愿望帮助我们创造了一个世界。在这里，诸多疾病被根除，人们的寿命得以延长。我们已经大大减少了丧命于天花、麦地那龙线虫、麻疹、腮腺炎、风疹或小儿麻痹症的人数。

我们还在不断取得各种科技成果，但 50 年前人们还觉得这些东西就像魔法一样不可思议：

- 智能手机
- 智能手表
- 无人机
- 无人驾驶汽车
- 可重复使用的火箭
- 克隆

我们从未间断的欲望对我们非常有益，但并非所有有意征服世界的人都能获得成功。这并非因为他们缺乏技巧或决心；相反，这是对成瘾过程的一种误解。

此时，您的设定目标之瘾开始显现，因为您的大脑无法区分高度想象的事件与真实的事件。因此，当您一心专注于某个目标时，您会觉得自己已经实现了这一目标。

> 设定目标让人觉得有效而积极，因为我们会幻想这个世界就是我们所希望的那个样子。

我们往往无视日常烦心事、账单、疾病、爱捣乱的孩子及我们那蹩脚的工作。

一次又一次，我们闭上双眼，天马行空，把心思都放在了成就上面。

我们有一种设定目标的兴奋感，而我们在实现目标所必需的真实日常活动中找不到这种感觉。

在设定目标的过程中，我们要与树立这一目标的缘由进行关联，从而进一步触动我们的情绪。一旦我们想象该目标已经实现，我们的情绪就会被调动起来。此时，我们不仅有成就感，而且觉得有价值。由于我们的缘由已经得以实现，我们还觉得获得了认可。

这是一种令人陶醉的鸡尾酒。

当我们回到现实世界后，我们很快发现成就感消失了，取而代之的是一种手足无措的感觉。

最终，创造之路必须让位于执行之路。

停留在目标设定阶段会让人觉得更安全、更舒适、更富有。

解　锁
打破受害者情结

不幸的是，整天白日做梦的代价往往就是梦想本身的沦丧。不付出相应的行动，我们无法靠想象取得成功。

如果我们不跟进自己的行动，我们往往会产生内疚感。我们知道自己本来应该做更多的事情，但我们认为自己的行动缺乏合理性，理由有二。

1. 目标不对。
2. 我们需要变得更有条理才能实现自己的目标。

解决方案显而易见：设定新的、改良后的目标，更有技巧地规划和组织我们的时间。不幸的是，即使这些改变像是向前迈进了一步，它们最多也只是隔靴搔痒。

我们缺乏行动和跟进——做好准备。

因而，这一过程周而复始。人们上了目标设定的瘾，但由于目标设定并非行动，无法带来真正的结果，人们只能戒掉这一成瘾症。目标设定是一种设想。把目标设定等同于实际行动会让我们深陷受害者情结之中难以自拔。

> **受害者情结之镜**
>
> 　　把目标设定等同于实际行动会让我们深陷受害者情结之中难以自拔。
> 　　您的受害者情结正是由此而来。

当您陷入一成不变的生活时，您希望做什么呢？

走出家门？不。您最希望做的是能好受一点儿，因为您的本能告诉您，如果您能好受一点儿，您就能找到出路。

那些能为您的下一个目标指明道路的书籍、课程、播客和事件如此成功，原因就在于此。

您感觉好了。

您设定了新的目标。

您觉得充满了力量，感觉自己脱胎换骨，随时准备去征服世界。

受害者身份

我曾嗜糖成瘾。

只是我当时并不知道这一点。成瘾并不像某种失控的场景。成瘾像是您可以放弃的某种东西。我原以为，只要自己愿意，随时可以抑制自己对糖果的渴望。

我非常肯定自己的嗜糖成瘾源自我的父亲，因为他远比母亲更喜欢甜食。因此，在我们家，糖果吃得多看起来非常正常，不像什么问题。

当然，我当时也知道，要让自己的生活方式健康一些，我必须减少糖品的摄入量。但是，在我做出使改变成为现实所必需的选择之前，我总是一拖再拖。直到后来我才意识到自己每天都在做出一种选择。我选择的是不治疗自己的成瘾症。我选择继续采取与我自认的最好的自己不符的行为。我只是吃了片饼干而已，没什么大不了。

我们就是这样陷入困局的。

受害者成瘾的恶性循环就是这样开始的。能带我们走向自由的每一小步都被反方向的另一步抵消了，这一反方向就是我们认为的合乎理性的习惯性行为模式所在的方向。我们觉得这些行为令人轻松，并且逐渐将其视为一种身份的体现。

陷入受害者成瘾循环的人在某种意义上也把自己定义为受害者。否则，他们就无法继续维持这种宣扬该身份的行为和思维模式。

在无法保持自身健康的居家男人身上、会忘记孩子生日的工作狂妈妈身上及各种场景中同他们一样的人身上，您都可能见证这一幕。您对这些人提出疑问时，他们会把自己无法控制的情形和原因作为对自己行为的解释。换句话说，他们身体不好或未能给孩子庆祝生日都是因为某些外部事物。

这就是受害者的定义。

他们遇到了事情——他们控制不了的事情。

如果这是一种身份，那么，一个人要维系自己的身份，就要不断做出哪些行为呢？

我们以无法保持健康的居家男人为例。他每天做出了什么样的决定才维系了这一身份呢？我们臆测一下：

- 家人优先于他自己的健康。

- 没有拿出时间给予自己的身心应得的关爱。
- 饮食选择糟糕。
- 不锻炼身体。
- 觉得自己的选择很高尚。

这一身份会造就很多行为,而这些行为必须符合这一身份。这位男子就像一个机器人,一直陷于受害者成瘾的恶性循环但不自知。

这一模式一直扩展到生活的各个领域。

某个孩子觉得自己不够聪明,所以考试时就作弊。如果考试及格了,他就会认为,自己及格是因为他不是一个足够聪明、不用作弊就能考及格的学生;作弊时被抓了,他又会强化这一负面信念。

不论怎样,他都是一个失败者。在他看来,他是自己处境的受害者。

接触过几百个客户后,我发现受害者思维往往被当成一种限制性信念。限制性信念是有关自身的一种信念,您认为这种信念没错,但这种信念会妨碍您向全世界展示您的天赋。

我们以伊恩为例。伊恩希望恢复健康,但他身上的那些限制性信念妨碍了他采取必要的行动。

以下是他觉得棘手的一些事情:

- 我永远也瘦不下来。

- 我做不了——这太难了。
- 别人看到我锻炼会嘲笑我。
- 我的穿着看上去很可笑。
- 谁都不会喜欢我。
- 我家每个人都很胖。

能帮伊恩这样的客户消除这些限制性信念的技巧成千上万。其中,最重要的因素并非技巧本身,而是客户转变身份的意愿。

> 如果客户无意将自己的身份从受害者转变为胜利者,那么任何技巧都没用。

接下来我们就该谈谈受害者成瘾循环本身了。

首先,我给大家看看理想场景中的循环应该是个什么样子,如图6-1所示。

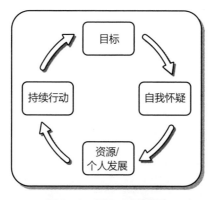

图6-1 目标—成就循环

这一循环促进了最大的成功和增长。还是那句话，我在受害者成瘾中没有看到这一模式。接下来我将对其加以定义。

这一循环是一个过程。它始终从目标，即您想实现的东西开始。它可能是任何东西，可大可小。然而，目标越大，您越可能陷入受害者成瘾循环，除非您清楚这一点并采取本书中所讲的行动。

一旦您定义了某个目标，您就会自动进行自我怀疑。

所有人都会如此。这种自我怀疑的程度直接取决于您在以往决心实施的活动中设定了多大的目标。

下一步，资源/个人发展阶段，您会寻求外部支持——咨询师、导师、课程、书籍或播客——帮助您实现这一目标。

举例来说，如果您想在脸书上打广告，您可能会找一个已经成功做到这一点的营销教练。这一步的目标是为了给予您成功的信心和策略。

在理想世界中，您会进入持续行动阶段。您会发布这些广告，然后对它们进行必要的调整以得到您想要的结果。您知道自己可能不会马上得到积极的回应，但您愿意将挫折视为该进程的一部分。

最后，您会设定一个新目标。也许这一新目标是对上一个目标的延续。您将毕生所学都用于这一新标靶。这一过程重新来过。它是一个永不终止的增长和扩张循环。

现在，我们来看一下陷入受害者成瘾循环会怎样，如

图6-2所示。

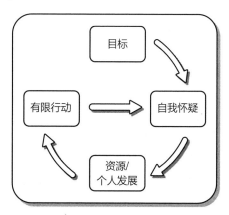

图6-2 受害者成瘾循环

事情起初都很正常。您设定了一个目标。通常，这一目标非常重要，也有些大，而且您也投入了自己的感情。实现这一目标对您意义重大。有时，这一目标是对您童年苦恼或愿望的回应。把发财的目标想象成一种抵消贫穷之痛的方式。或者，高中时被一致认为"最不可能成功"的您晋升到了公司的顶层。在受害者成瘾循环中，您对这一目标索取过度，太急于求成。这一目标往往牵扯到身份和价值。

我们变得太依赖于这一目标，进而——正如某段两性关系中的一方太依赖对方一样——缺乏能采取合适行动的冷静思考。

我们执拗于自己对该目标的看法，无法灵活地调整自己的思维方式和行为。我们太执着于使目标呈现我们希望的样子。

此时，我们会对自己产生怀疑。一旦设定新的目标，自我怀疑就会浮出水面。不过，如果自我怀疑碰到某个高度主观性的目标而我们对该目标又充满期待，此时自我怀疑会显得更加沉重，我们难以对其视而不见。

自我怀疑不会成为任何新追求的正常组成部分，相反，它会渐渐变成一种威胁，威胁到我们的情绪平衡和自我价值。此时，我们的自尊与该目标已经连为一体，任何自我怀疑都不仅仅是对该目标的一种攻击。它会成为对我们自身的一种攻击。

接下来我们就会寻求解决自我怀疑的办法。重要的是，我们不再只是寻找能实现我们目标的资源。我们还希望能找到有关自尊问题的解决方法。不知什么原因，这些问题跟我们最初的目标混在了一起。

正如在目标—成就循环中一样，我们从咨询师、导师、课程、书籍、播客等能帮我们实现该目标的任何东西或任何人那里寻求资源/个人发展。这两种循环之间有一种特别惹人注意的区别。在目标—成就循环中，资源板块高度集中于获得我们想要结果所需要的可实施举措。人们认为寻求资源是该进程的必要组成部分但并非其要点所在。在受害者成瘾循环中，寻求资源变成了关键驱动因素。

如果我们没忘记此时我们的自尊关联着我们的目标，那这一点就说得通了。我们会产生很多有关自身的负面情绪——内疚、不安、羞耻、愤怒、尴尬等。

解　锁
打破受害者情结

我们希望能消除这种负面感受,从而重获那种一切尽在掌握的感觉。

对资源的这种追求滋生了受害者情结。此时,我们寻求帮助不只是为了实现自己的目标。我们希望能在实现目标的过程中让自己得到治愈。

> **受害者情结之镜**
>
> 在受害者成瘾循环中,寻求资源变成了关键驱动因素。如果我们没忘记此时我们的自尊关联着我们的目标,那这一点就说得通了。我们会产生很多关于自身的负面情绪。我们会内疚且觉得自己失控了。我们希望能重新掌控一切。对资源的这种追求滋生了受害者情结。我们的努力不是为了实现目标。我们希望在目标实现之前能得到治愈。
>
> 您的受害者情结正是由此而来。

我听到过以下说法:

- 我必须先解决自身的问题才可能取得成功。
- 妨碍我的只有我自己。
- 我必须改变自己的行事方式。
- 要是我能摆脱那些妨碍我的东西就好了。

此时,很多人会一头扎进那些有关心态或意识的课程之中,而策略往往成了次要因素。

在此后某个时间,我们会进入有限行动阶段。这种行动不够连贯，目的性不强，也不够积极，难以使人们获得成功。不过，有行动总比没有强，因此，我们觉得自己正在取得进展。但是，在我们内心深处，我们清楚自己还可以做得更多。其后，我们的自我怀疑进一步加深，这一循环也得以继续。

这一循环的结果具有双面性。

一方面，我们会取得一些成功，但还不足以让我们认为自己已经成功了。不论我们取得了怎样的成功，总会有一股不尽如人意的暗流。另一方面，我们永远没法亲自享受自己取得的所有成功。我们一直会跟我们本来能取得的成就进行比较。

一直生活于受害者成瘾循环中是一种极其令人失落的生活经历。

打破受害者成瘾循环

打破这一循环需要自我意识。我们必须先看到自己的缺陷才能注意到这一正在运行的循环，从而注意到自己的行为，然后把个人发展视为解决之道。

这正是我在本书中插入众多"受害者情结之镜"的原因。

它们是一种比喻意义上的镜子，它们照出您或许会陷入受害者情结的陷阱。对照它们，您可以留意自己是否有这种

解　锁
打破受害者情结

表现并及时刹车。

在我意识到这一循环的存在之前,我的书架上摆满了我购买的课程,它们都向我承诺可以解决我能想象得到的所有问题。

* 自尊
* 自信
* 财富
* 健康状况
* 事业

我学东西很慢,但最终有些东西还是会变得显而易见。不论任何课程、书籍或营销信函中做出怎样的承诺,或者以前的学生在感谢信中说些什么,我的成功都要靠我自己,也只能靠我自己。

我发现,我的成功不仅取决于我自己,即便我用上了必要的工具,也采取了万无一失的策略和方法,我仍可能失败。

此时,我得到了最深刻的领悟。

我会失败。失败不再是一种可能,失败已经是确定无疑的事情了,除非我把成功作为一种特权,或者我把成功当作不可商榷之事。

我可以继续把自己的失败归咎于自己的过去或现在,但那样只不过是自欺欺人。

第六章 您的行为让问题久拖不决

这意味着我的成功取决于我自己,而最终您的成功也取决于您自己。

您必须自助。今天,明天,后天,您都必须自助。

不论您有什么问题,对您的问题的处理都取决于您自己。

> 您必须认定成功就是唯一的目标,尽管人们可能对此有看法或有所怀疑。我们绝不能把这么多精力放在自我怀疑上,绝不能不采取任何行动而等其自行消失。

我常常跟客户讲:"您永远都无法做好准备。"以此类推,"您永远摆脱不了自我怀疑,永远无法真的摆脱自我怀疑"。

如果您对生活中的大事小情都承担起应负的责任,会怎样呢?如果您——说句玩笑话——认为自己应该对生活中所有事情负责,而且这些事情都是因您而起,那会怎样?那会对您的日常行为及您与自己面对的问题或挑战之间的互动带来怎样的改变?

您会采取完全不同的行动,不是吗?您将得偿所愿,而不会把责任转嫁给任何人或事。如果您一辈子都带着这种信念生活,那会怎样?您相信自己会比目前更接近自己的潜能吗?

在我的幻想中,答案百分之百是肯定的。

我还清晰地记得某天自己打算再买另一门课程的情形。

解 锁
打破受害者情结

那天,我的生活瞅了瞅我,问道:"真的吗?再买一门?你打算什么时候用完已经购买的课程?"

这一问题触发了我的自我意识,即我需要认识到自己生活在以受害者为导向的身份之中,一直试图在自身之外寻求解决方案或救星。我看了一下那些课程,想了想其中的内容,心中反思:

聪明的我:如果您已购买的课程包含了您需要的内容,您为什么还要再买一门课程呢?

不太聪明的我:可是这门课程不一样。它对营销的阐述更为深刻,我需要这门课程。

聪明的我:难道您不该先完成已有的课程吗?那些课程中也有相关建议。您怎么知道那些课程没作用呢?实话实说,您并不知道,因为您还没完成那些课程。您当时不相信那些课程能做到您现在正打算购买的课程所承诺的东西吗?

不太聪明的我:……(沉默)

即使有了解决方法,以受害者为导向的人也看不到这一方法,或者也不会相信这一方法对他们有用。结果,他们不会采取任何行动,正如图 6-2 所示,他们的自我怀疑也会因此被强化。

自我怀疑是一种强大的力量。如果您能像对待肩部的痒一样对其视而不见,自我怀疑就会失去其力量。自我怀疑之利爪因心存怀疑之人而愈发锋利,也就是说自我怀疑是自我创造、自加于身、自我延续、自我认同的。外部力量无法消除您的自我怀疑。因此，您会认为唯一的解决之道就是不对要采取的行动那么确定。

正是通过这种方式，自我怀疑使您陷于困顿、如入囚笼、身陷受害者成瘾循环不能自拔。这是一种双重束缚，一种没有出口的莫比斯环。自我怀疑让您觉得唯一的解决之道就是确定性。当然，确定性从来就不存在，因为这一目标从未实现过。

请看下例。

雇主不愿雇用无经验之人。如果没人雇用，谁都无法得到经验。

如果您使这一逻辑成为您心中的病毒，您就无法找到出路。走出这种双重束缚的唯一出路就是退出这一游戏。

自我怀疑这一双重束缚也是如此。

自我怀疑是一种感觉，您觉得自己了解得不够多，因此您去寻求更多的知识和确定性，只有事实证明新知识可以马上生效、可以立刻带来确定性，您才能将自我怀疑根除。

只有您获得了结果，自我怀疑才会终结；而您只有消除自我怀疑，才能获得这一结果。

您被困住了。

注意到双重束缚可能极其困难，因为该束缚本身深藏于潜意识的设计之中。除了这一挑战，还有一件让人烦恼之

解　锁
打破受害者情结

事：这个人越聪明，这一束缚越复杂。

个人发展越深入，这一束缚越深刻。之所以会发生这种状况，是因为这一目标及与该目标相关的自尊不可分割。我们被以下谎言所束缚：只有当我们觉得彻底摆脱了自我怀疑及以往的负面经历和情绪，我们才能得偿所愿。

请记住，个人发展令人感觉有力量、有动力、所向无敌。人们容易对个人发展上瘾。现在，请想象一下，如果连个人发展都无法解决这一自尊问题，您的失落会有多大。如果有人持有这种信念，那么，他们陷于受害者成瘾循环又会有多深呢？

他们可能会说："我的问题太严重了，我学过的所有课程，我跟过的所有教练，都解决不了。"

我的学生常常问我："为什么人们会一直身陷受害者成瘾循环？他们为什么会希望失败、希望一直挣扎或觉得快失败了呢？"

谁都不希望如此，至少没人故意希望如此。

这些模式都深藏于大脑的操作系统之中，看上去就像某个有问题的程序，它们造成的结果既不是理想的结果也不是人们希望的更好的结果。

如果我们认为所有动机都旨在实现以下两种结果，那么我们就会明白受害者情结对目标的影响。人们有成为受害者的动机。

结果1：愉悦

人们积极维系受害者情结的说法能得到怎样的愉悦呢？为了回答这一问题，请您想一下您身体不适时的情形。如果您得了流感并在社交媒体上上传了一种显示您一脸疲倦、一脸病容或面部肿胀的照片，您会收到无数祝您康复的信息，甚至可能有人想给您送热腾腾的鸡汤。您会受到关注！人们很容易对关注上瘾，即便是人们对您身患疾病进行回应带来的关注。

讲述您作为受害者的故事。

如果您到处跟人讲自己多倒霉——身患疾病、工作中被不公平对待或社会服务人员如何不理解您所处的困境——您会受到关注。人类都喜欢被关注，都希望被人注意到和被呵护。人类都希望体验那种我们如此重要以致有人想帮助我们的令人陶醉的感受。

受害者情结会带来这类回应。是的，尽管这些回应可能是负面的，我们还是乐意接受这种关注、操控这种关注，甚至容忍这种兴趣，以便获得有关我们处境的更大成功或承认。

结果2：逃避痛苦

人们如何通过接受或维持某种受害者情结的说法来逃避

解 锁
打破受害者情结

痛苦？无论如何，受害者的身份总让人不舒服。

这样做会让人产生很多有关自虐、自弃、缺乏自爱或同情心的自我描述性想法。人们常常这样描述自己：

- 我是一个失败者。
- 我什么都做不来。
- 我永远做不到。
- 我总会遇到这种事儿。
- 当然，我失败了。我为什么白费那个力气呢？

远离这类说法造成的痛苦的唯一方法就是把其存在原因归咎于其他事物，即受害者的身份。这一认同就像一个保护盾，它有助于人们逃避对自己的行为应承担的责任，因为他们可以怪罪他人，如政府、教会、社区、配偶、表亲、父母或孩子。只要能找到人能为他们遭遇的一系列不幸承担责任，谁都可以。人们骄傲地举着这一推脱责任的保护盾，把所有互动都挡在了门外。

也许您已经遇到过这种人。往往这种人会跟您不厌其烦地讲他们多么困难，而且往往都是他们在自说自话。

被这种人缠着可不是什么好事情，一不小心您也会变得垂头丧气。也许他们甚至觉得自己一点儿也不消极，他们只是不断需要别人对他们的命运表示认同。

任何不幸成为这种人的听众的人都会被这些絮絮叨叨的借口弄得筋疲力尽。自我意识是破坏这种循环唯一的解决方案。

第六章 您的行为让问题久拖不决

> 如果生活中的某个方面出了问题，您可能忍不住会提出一些鼓吹受害者情结的问题。

试想以下问题：

- 这种事儿是怎样发生在我身上的？
- 这种事儿为什么发生在我身上？
- 为什么他们对我做那种事？
- 为什么每次都是我？

自我意识能够打破这一模式。

最近，在我跟我们国家顶尖的一位个人发展咨询师会面时，突然他必须要去处理他们团队的一个大问题。

我非常仔细地观察了他对该状况的处理。事情过后，我马上就问他在整个沟通过程中都想些什么。其实，他完全可以换上一副个人发展领域非常盛行的自怨自艾的面孔。不过，他没那样做，他回答说："如果您生活中的某个方面出了问题，您可能忍不住会提出一些鼓吹受害者情结的问题。"他的回答说明自我意识能够使您脱离受害者循环。他看着我的眼睛说："我问了自己两个问题：①我做了什么来表明这一点？（责任）②从这件事中我能吸收防止此类事情再度发生的什么教训？（知识）"

在这两个问题中，他试图承担责任并鼓励自己下次能做

解　锁
打破受害者情结

更好的准备。

达伦的故事

达伦在职业发展方面屡遭挫折，因为他选的生意伙伴不守诚信，没有取得更高层面的成功所必需的经验。结果，达伦做出了很多糟糕的决定。虽然他的行为都合理合法，但他一直觉得自己深陷业绩不佳的泥沼。

他来找我求助，希望能了解如何跨越以往的生意失败。当时，他纠结不已，完全沉浸在以往，而没有好好想想如何前行，今后如何取得成功。

他面对的那些问题都来自外部的人或事。问题也罢，挑战也罢，都是别人的错。他招来的那些不守信的生意伙伴、接待的那些不按时付款或要求退款的顾客、禁止他把生意做到国际层面的相关法规等。达伦对于影响者这一理念非常抵制。

我提出疑问时，他说："现实是现实，克里斯。我不该对那些人负责。你不能逼着我为他们负责。"

他不明白，或者说不愿意弄清楚为什么自己也是这一问题的一部分。

刚开始他的情况就是如此。

在总共 12 次会面中，我们一起探讨了他对于影响者和受影响者及他的自尊的理解。更重要的是，我们必须设法弱化那些让他不堪重负的有害情绪：愤怒、悲伤、恐惧及内疚。当时，达伦的内心被这种痛苦牢牢地占据。随着我们的深入探讨，我们逐渐找到了问题的核心。达伦生在一个贫穷的家庭，他觉得自己不配拥有富裕或幸福的生活。他自己在损害自己生活中的美好以配合一个不应该幸福者的认同。此时，我给达伦指出了他生活中正在上演的若干个此类事件，并指出，因为他接受了这一身份，所以最终也要对其相关后果负责。

我刚说到这里，达伦开始啜泣起来。

不是因为悲伤，而是因为如释重负。

最终，他找到了答案，找到了摆脱自己习以为常的痛苦的出口。

我们消除了他经历中的不够资格这种限制性信念，此后他便获得了毕生追求的自由。从此，他可以自由地做出决定，而不会担心失败就意味着自己无能、没资格或注定会让自己失望。

咨询结束后，让我高兴的是，达伦开了一家新公司，从事自己喜欢的领域，如今他认为我们的共同努力为他提供了随时准备开启这一冒险项目的基础。

能够直面一向妨碍自己的信念让人如释重负。知道此时此刻自己可以为前行有所作为，让人内心充满了力量。

我发现，一般来说，人们都很害怕承担责任，因为人们担心会被压垮。事实上，人们会反其道而行之。承担责任会让人做出重大转变：从被夺权到被赋权，从恐惧变为勇敢，从拖拖拉拉到以行动为导向。

您又如何呢？您是否曾经像达伦一样把可能造成自我损害的经历融入到自己的生活中？您能拿回控制权吗？达伦鼓足了勇气，释放了所有不再适合他的情绪和信念，从一个旧经历中拿回了自己的力量。

您也可以。

事实上，您一定会遇到挑战，那种您永远无法提前做好准备的挑战。此时，您必须为自己的内心立起一个保护盾，挡住那种始终让您受周围事物影响的信念。

您必须加强自己的自我意识。

据我所知，设定意图并于事后观察自己的行为是最佳的方式。通过记日志，您可以完成这一过程。

与人们对于记日志的一般看法相反，记日志并非天马行空的自由创作。它是对具体问题的回应，旨在催生一种有关行为及原因的意识。

记日志之法

每天您回顾并回答两组问题。这意味着，每天早上——是的，每天早上——您都需要花上几分钟回答这些问题以设定当天的意图。

我希望今天有怎样的感受？

列出您当天从早到晚希望感受的情绪。高兴，圆满，还是满足？或者您希望当天能有的任何情绪。如果您能确认这些情绪，就等于已经为当天树立了目标。

我希望今天以怎样的形象出现？

定义您希望以什么形象出现。您希望表现得自信、坚韧、幽默，还是专注？审视您的一天，选定您要表现形象的特定方式。

我必须要为哪些大事做好准备？

审视即将开始的一天至关重要。您必须了解当天的日程。您为必须要做的工作做好准备了吗？您需要做些不一样的准备吗？往往，我们对当天的事情感到一头雾水，原因就在于我们没弄清自己的日程。

举例来说，如果您今天要跟某个潜在客户会面，您能为可能的反对意见做好准备吗？您还可以做些什么让这次会面成功的可能性最大化？您需要复习一下您的笔记吗？您需要模仿一下客户的反应吗？

今天谁最需要我？

审视当天的时候，也审视一下要跟您互动的人。我们常

解 锁
打破受害者情结

常会忘记任何事情都离不开人,如果我们对如何应对到场者准备不足,那么我们对于自己的日程同样可能准备不充分。专注于如何为人服务,您或许还能获得更深层的动机。相比为自己,我们会为他人做出更多的事情。

什么东西可能阻碍我今天做最好的自己?

凡事预则立。通过预测当天的挑战,您能够做好应对准备。您在每天早上回答这一问题时,可能会注意到一些重复的模式。您开始学会理解自己及如何行事。

我怎样才能为可能阻碍自己的事情做好准备?

如果您能预测到可能有什么事情破坏您的计划,您就拥有了力量。考虑一下您能做些什么以便为应对该障碍做好准备。这样,当该障碍出现时,您就可以立即采取行动而不会方寸大乱。

每天晚上,您通过以下问题回顾一下当天发生的事情。对这些问题的回答非常重要,因此,我通常比早上还要多花几分钟。一旦您记上几次,您会发现自己的潜意识会变得更加开放,而相关答案也会更快地涌现。晚上您要问的问题包括:

今天什么东西对我特别有用?

成功人士有一种让人困惑不解的能力,即他们能够忘记以前的出色工作。

每天晚上花点儿时间把有用的内容记下来。庆祝一路以来获得的胜利是一件非常重要的事情。

我今天什么时候特别闪耀？

您对哪种状况或互动处理得特别出色？也许是一种内心胜利，您面对意料之外的障碍保持了干劲儿。把您今天的闪耀之处记录下来。

今天我在哪些地方做得不尽如人意？

好吧，现在我们要弄清哪些事情没按照计划进行。什么事情您没能坚持到底？什么事情让您对自己失望？哪场互动因为您的反应无疾而终？把不如意之事记录下来。

记日志对绝大多数人来说都不是问题。我们都懂得如何挑错。

我今天为何表现糟糕？ 我采用了怎样的思维方式？ 我怪罪谁？

在回答上述问题时，您会注意到一些普遍的思维模式。这些模式就是让您深陷受害者成瘾循环的潜意识模式。重要的是，您要记下您把今天的失败归罪于何人。是您自己，还是别人？

把这些东西都记下来。

解 锁
打破受害者情结

我如何能为今天负起更大的责任?

这一问题要求您以超常的视野进行反思,并且确定您本来可以用勇气、正直、诚实和持久的决心来回应这一天,以此作为您前行的理由。它要求您负责而非指责,因此,请停留在这一因果公式积极的、赋权的一边。

如果您希望获得更好的成绩,您还可以让真正了解您的人在当天结束时告知您他们的看法。

举例来说,您的妻子或丈夫跟您待了一整天,或许在您晚上反思时他们能提出他们的见解。同样的,您也可以让您的生意伙伴或某个您信任的朋友对这些问题做出反馈。

重要的是,如果您正从他们那里获得反馈,您要知道,即便您要求他们实话实说,您最多也只能听到一半的真话。如果他们在乎您,他们就不希望伤害您的感情。因此,您听取他们的反馈并将其整合进您的反思的时候,请记住这一点。

游戏计划

为巩固您在本章学到的知识,希望您回答四个问题。我所说的回答并非那种花两分钟草草打钩了事的回答。

我希望您认真考虑以下问题并花些时间为自己构想真正的答复。这样做可以让相关知识深入您的潜意识并有助于您开启重获力量这一转型之旅。

◎ 问题1　由于您觉得在实现某个目标之前自己需要先解决某些自身的问题,您因此错过了什么目标?现在您已经了解了这一点,您会怎样做?

_____

_____

◎ 问题2　您在生活中的哪个领域陷入了受害者成瘾循环?现在您已经了解了这一点,您会怎样做?

_____

_____

◎ 问题3　您在什么地方表现得像一个受害者,但您却对此一无所知?(小提示:您因为该问题指责何人或何事?)

_____

_____

◎ 问题4　如今,您怎样做才能停止这一行为?

_____

_____

07

第七章 面对您的魔鬼

生活带您踏上了一段旅程，走到了今天。为了前行，您必须接受以下事实，即以往的方式无法为您未来的行为充当路标了。

人们做出的选择、开始采取的行动及结束的行动都不够用了。它们把您带到了这里，再也无法继续带您前进了。

为了跨过此时与彼时、您的现状与您的生活目标之间的分界线，您必须改变对自身、可能之事与不可能之事的看法。

> 我们永远无法获得对自己而言不可能实现的成功。

这一可能性信念构建于我们的过往、我们有关可能性和不可能性的观念，以及别人对我们讲的、为我们讲的或谈及我们的话语。

您所认为的可能的事情是建立在同样的基础上的。您对自己的体能、智慧和情感敏锐度持有很多根深蒂固的信念。

例如，如果您认为自己长得不好看，您还会愿意参加选美比赛吗？同样的，如果您觉得自己没有运动天赋，您还会把跑马拉松当作自己的事业吗？我们的信念不仅塑造了我们认为的可能的事情，而且它们还塑造了我们的目的、目标及我们生活的轨迹。

您或许觉得这既让人浮想联翩又让人心生恐惧，因为信念都具有主观性。

我要说的是，把自己以往的经历和当前的信念作为未来事物存在的证据荒谬之极。

那么，您该怎么办呢？

您需要站在什么视角创造您希望的未来才合适呢？

答案会让您非常惊讶。

……

死亡。

了不起的视角

死亡为您提供了看待生活的终极视角。

没人能逃脱死亡，它让您冷静地沉思以下事实，即您遇到的每个人——每个男人、女人和孩子——都会死去。

我和我的妻子很幸运。我们住的地方离沙滩很近，我最

解　锁
打破受害者情结

喜欢的一家自助餐馆就在海滨。我喜欢坐下来练习内省。我会拿出日志，还有一本积极的、发人深省的书，然后开始写作。一个小时内可能有几百人从我身边走过。

近来我养成了换一种视角观察他人的习惯。我清醒地意识到，不论他们是谁，若干年后他们都会死亡。他们都会赶过去跟那些已经走完自己人生最后历程的几十亿亡魂汇合，从此变成一段记忆、一片阴影。我心中反思：有谁会怀念他们？谁会在他们的葬礼上哭泣？他们会留下什么？他们生前过的是自己希望的生活吗？他们害怕什么？他们希望从生活中获得什么？他们是否在浪费自己的生活？

有些病态？

也许吧。

认真地沉思我们自己难逃一死这件事是一个让人恐惧的选择。因为，它要求我们直面自己内心最深的恐惧——我们对于自己无足轻重的恐惧。

西方文化充满了各种让人分心的事物。我们一直设法把自己的注意力从痛苦、伤害等负面情绪上转移到其他事物上。为此，我们酗酒、工作、上学、锻炼、读书、游戏、赌博、刷社交媒体等，甚至也包括寻求个人发展。

我们正试图逃离一种我们命中注定的威胁。

可是，如果这种威胁或恐惧正是我们设计某种真正重要的生活所需要的种子，那又如何呢？

千真万确，当您即将走上黄泉之路，您不会在乎自己曾赚过多少钱——除非您的钱还有更大的用处。

千真万确，当您即将走上黄泉之路，您会非常在意您已经建立起来的关系，即便他们都是一些您以前掐断的关系。

千真万确，当您即将走上黄泉之路，您会想到后悔之事或您本可以加以改变的事情——除非您活过的每一天都合乎您的心意。

对大部分人而言，我们过的日子就是对我们的际遇的回应。有多少人会想象一年后自己的生活是什么样子的呢？

我可以告诉您，过去十年中，跟我对过话的绝大部分人的目标都不超过三个月，而且很多人甚至连三个月之内的计划都没有。当您想到时间并非一种您能够多买一些的商品，您会感到害怕。不去计划如何利用时间而白白浪费时间完全是一种愚蠢的行为。

不对我们希望获得的生活经历进行规划，是多么愚蠢的行为！仅举一例。如果您银行账户中有1000万美元的存款，您会随意把这些钱一天天花光，还是做好计划对其合理利用呢？当然，您会征询他人有关如何合理利用的建议。您会利用生活中最珍贵的商品——时间来做这件事吗？您会公开坦承如何利用自己的时间吗？如果不会，请您思考一下。

近来，我妻子一直跟我斗嘴。我只关心结构，她只关心流程。不过，我们都意识到这两者可以共同发挥作用。

我为她提供结构，这样她就能开始做事，从而为我的结构带来流程，帮我挖掘有可能让我的工作更有效且更持久的深层本能。

从万物初始以来,这种物质与虚无、理智与神秘、有形与无形之间共舞的故事一直在上演。

那么,我们可以利用这一共生关系创造充满快乐、影响力和成就的生活,这完全合乎情理。

我们可以以该死亡时刻为催化剂,创造对自身意义重大的生活。为此,我们靠的不是远离死亡,而是将其作为一个为我们指明道路的朋友、同事或导师。

死亡为我们的生活带来了紧迫性和目标,因为死亡是一个自然终结点。把死亡当朋友或导师听起来可能有些怪异,除非这是一种常见的人类行为。

后知后觉

后知后觉指的是在已知结果的情况下回顾自己的生活。我们可以毫不费力地弄清楚哪些行动最终带来了成功的结果,哪些行动则不然。

我们都有过这种行为。

试想一下,如果您现在就获得了临终前的后知后觉,您的生活会是什么样子的?

"我希望以前做的事情有所不同"这句话可能会变成"我打算现在就换个方式做事"。

我通常都会让客户进行一种练习,即练习在自己最成功的时刻创造未来自我。

该练习的步骤如下：

1. 想象您的未来自我已经实现了您的目标——无论那是什么样的目标。
2. 现在想象您附在了未来自我的身上，通过他的眼睛审视您的生活，并回答以下问题。

◎ 您的未来自我有哪些核心生活信念？

_____
_____
_____

◎ 您打算如何改变当前自我的生活方式并选择另一种生活？

_____
_____
_____

◎ 您未来生活中有什么东西是您在当前的生活中缺失的？

_____
_____
_____

◎ 有什么东西在您当前的生活中很常见，但在您未来的生活中却见不到？

_____

解　锁
打破受害者情结

_____

◎ 现在，您的未来自我想给您的当前自我传授哪些经验之谈？

_____

_____

_____

这一过程提供了一种想象中的、来自未来成功的后知后觉。

> 如果您像您的未来自我那样生活或做出决定，那么，您的行为很可能带您走向成功。

同样的过程适用于弥留之际。从死亡前这一刻回顾往事，您会有怎样的生活经验或能够传递给您的当前自我什么教导呢？

您能想象实践这些经验或过上令您自豪的生活会怎样吗？

我们当中很多人就像迷路的孩子，一路蹦蹦跳跳着寻找幸福、成就或某种归属感。不过，如果我们把人生想象成一条线，左端的圆点代表出生，右端的圆点代表死亡，那么中间的部分就像某个心电图上那些疯狂的曲线：向上，向下，大幅向上，小幅向下，大幅向下，再次向上，等等。

当您乘车从 A 点向 B 点前进时，通常您会选择最快、最直的路线。如果您不清楚路线，您会用车上的全球定位系统。您可以这样做，因为您知道自己的目的地。路上胡乱绕路有意义吗？当然没有。但生活中我们的确会绕路而行。

很多人都忘记了自己人生的走向。他们马马虎虎、毫无方向、毫无目标。可悲的是，虽然心知自己正走向死亡，但他们无动于衷，把时光当成一种商品，觉得可以像把饼干桶再次装满一样把时光再次补足。如果您看到桶里的饼干正在消失，而且也知道再也没有更多的饼干了，您会不会更用心品味手上的饼干呢？

从您出生的那一刻起，您就踏上了死亡之旅，开始了您最后的冒险。

随着年龄的增长，我们对某件事情的认识越来越清晰。我们去殡仪馆的次数开始增加，跟我们永别的朋友越来越多。统计数字表明，大部分人都活不到 90 岁。

上次您揽镜自照并认真思考自己终将死亡这件事是什么时候？您真的坐下来考虑自己终将死亡这件事了吗？这会改变您的视野，赋予您一种不同的视角，以一种油管上那些励志视频永远做不到的方式将您置于焦点。

把时光当作有限之物再开启您的人生吧，因为青春永驻的幻象让我们看不到时光的流逝。把照亮您内心的那些时刻当作过期之物再去热爱吧，因为那些时刻的确会过期。提出那些最重要的问题吧，但不是为了看有多少人对您最新的图片点了赞或进行了评论。相反，您要问问自己今天做了什么有意义的事情吗？您今天的所作所为是否具有意向性，是否有意义，是否积极向上？您有没有通过转变对待他人的方式令他们的生活变得更好？

我相信，最终，我们在这个世界上的地位将取决于我们带来的影响。任何时候，只要您主动而为，您都能影响到他人。

每个时刻都是一种选择。

一种重塑您的行为、开辟新的道路、开创新方向的选择。陈旧的习惯只会带来同样陈旧的模式。

我们保持自己的习惯不是没有原因的，因为它们让我们有安全感，并且让我们有熟悉感。

因此，您或许发现自己保持着某种陈旧行为，原因就在于您熟悉这一行为，而且这一行为让您怡然自得。这就是您的受害者思维。

> **受害者情结之镜**
>
> 我们保持自己的习惯不是没有原因的，因为它们让我们有安全感，并且让我们有熟悉感。因此，您或许发现自己保持着某种陈旧行为，原因就在于您熟悉这一行为，而且这一行为让您怡然自得。这就是您的受害者思维。
>
> 您的受害者情结正是由此而来。

第七章　面对您的魔鬼

我认为应该通过意识突出的选择来过滤自己的行为。例如，我们不能什么巧克力都吃，我们应该先评估其后果，然后做出有意识的选择。

我们可以问自己一些可作为过滤器的问题。

这真的是我现在要做的事情吗？如果这是我最后的行动……这是我希望别人知道我要采取的行动吗？如果所有人都发现了我要做的事情会怎样？我能接受这一状况吗？我会对此感到开心吗？这一行为能代表我吗？

如果只从我们的内心来说，所有行动都会留下遗产。这一遗产，一点一滴、一步步地变成了一种生活。

我们能否找到一种，利用这一遗产创造自己无与伦比的生活的方式呢？

我们可以。

只是，这需要勇气。

新故事

您或许听说过"以终为始"的说法。这正是您为了彻底改变人生、找回力量所要做的事情。

为了使您的人生获得不同的成果，您必须采取不同的行动。

在第一章，我介绍了体现信念、行动与结果之间关联的

解　锁
打破受害者情结

公式。

现在我们把这一公式扩展一下，再加上两个重要的方面，如图 7-1 所示。

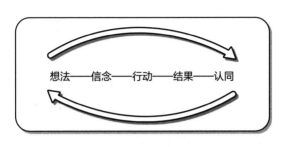

图 7-1　扩展的成功公式

加上想法和认同之后，您可以对该过程有一个更清晰的认识。您的想法带来信念，您的信念带来行动，您的行动会带来某种结果并赋予您一种认同。

您不断地思考，以使该公式得以继续。如果您对自己具有非常正面的看法——我很有力量、很坚强、很能干、很乐意、很诚实、很成功——您就会做出符合这些想法的行为。

如果您的想法非常负面——我不诚实、懒惰、腐化、爱操纵别人、残忍、德不配位——您的行为也会反映出您对自己的看法。

因此，我们要反思一下，造成我们的自我对话和相关想法最主要的因素是什么？

答案是认同。

我们的认同主要来自我们所处的环境，而我们所得到的结果会直接影响和强化我们的认同。如果我们认同自己是一个非常善于处理问题的成功商人，参加研讨会时我们就可能真的做出相对应的表现。其结果是这一认同得以强化。

一旦我们形成某种认同，我们会不惜一切代价来强化或维系这一认同，即便它对我们无所助益。

受害者情结之镜

> 一旦我们形成某种认同，我们会不惜一切代价来强化或维系这一认同，即便它对我们无所助益。
> 您的受害者情结正是由此而来。

因为有了认同，改变才变得如此困难而可怕。

为了改变，我们必须放弃已有的一种认同并接受一种新的认同。事实上，我们的一部分死亡后，这一部分新的版本才会出现。

认同很难改变，除非您渴望对其加以改变。

我们的认同塑造于我们的情绪及我们学到的生存之道。改变我们的认同不仅让我们不适，而且还让我们觉得不安全。如前所述，人们愿意不惜一切代价来捍卫自己的认同。

转变认同

什么东西能带来认同的转变？

解　锁
打破受害者情结

两样东西：

1. 某件大事，如医生开出诊断，带来的内心的急剧变化。严重肥胖的人收到的有关可能危及生命的医学诊断可能马上带来认同的转变。尽管在收到诊断之前他们觉得自己懒惰、毫无动力，但他们可能突然变成某个希望不计代价求生存的人。
2. 某件大事，如失去了一份本以为安全无虞的工作，带来的外部的急剧变化。

为了改变我们的认同，我们必须同时利用来自内部和外部的压力。

我刚刚说过我们的认同很难改变。这并没有错。不过，它还是有一个小的漏洞，或者说小的缺口。

难改变的只是我们以往的认同。我们未来的认同是完全开放的，您可以反复予以书写。我们还没有形成这一认同。我们活着的每一刻都在不断创造这一认同。您的潜意识，在您的意识背后操纵一切，始终受到扩张的驱动。您的潜意识渴望成长、发现和进化。它追求一种安全的、进步的未来认同。

由此可知，如果您认定某种未来认同十分安全并促使您实现最高进化，您的潜意识就会接受这种成长并予以支持。

虽然您会遇到挑战，但您向前的动力会带领您应对这些挑战。

那么，您该怎么做呢？

不要忘了，我说过您需要勇气。

您可以书写自己的讣告。

考虑一下这会带来怎样的改变：

1. 以终为始。您会清晰地定义自己想要的生活、自己希望被记住的方式、自己做过的好事及曾有的生活。

2. 您会非常清晰地把想要的东西定义为自己的目标。我们都知道，潜意识需要清晰的目标。

3. 您会创造一种新的终结感，为您的生活带来一个实在的终结点。您完全接受死亡不可避免这一事实，而且，由于您不知道终点何时到来，您会有马上采取更大行动的动力。

4. 您对生活的领悟会更深刻。您会注意那些更为普通的时刻，会在每次拥抱、每次亲吻或联络时流连片刻。

5. 会带来一个有趣的副产品，即您会越来越不在意生活中那些让人烦恼的小事儿——那些实际上无足轻重或不符合您更宏伟设想的挫折或不便。您会变得越来越平和。

关于起草您的讣告，我没法为您提供确切的指导；不过，我可以给您大致描述一下我做该练习时的感受。

以下内容摘自我的讣告：

解 锁
打破受害者情结

克里斯曾帮助过成千上万人,他为他们提供了一条途径,从而后者得以把自己当作被赋权者。他对于帮助他人转变的热情基于以下信念:任何人都并非残缺之躯,人们只需利用自己的力量从窃取自身力量的人、地点或事物那里拿回自己的力量即可。他在几十年的咨询工作中,帮助很多家庭破镜重圆,激励了很多人记起并追求已经遗忘的目标,而且开辟了一条从受害者向胜利者和自我实现转化的道路。如今,成千上万人已经成功走上了这条道路。他的创举让他名满全球,也让他收入颇丰。他利用这些钱尽情享受生活,过上了健康且幸福的家庭生活,还资助了很多有价值的项目。他所有的工作都透露出他对这一过程和举措的热爱。最重要的是,他希望让人们看到,无论人们希望在哪些方面取得成功,他们都可能取得成功。

正如您能看到的,该讣告极富个人色彩,而且好像是在我真的撩起了尘世的面纱走上了黄泉之路之后书写而成的。写这个让人非常为难,对此我并不否认,这种东西确实不好写。这一节选只是整篇讣告的一小部分。

不过,我的讣告有助于我此时此刻通过可能的后果筛选自己的决定。那些后果是否符合我对生活的愿景?如果是的话,我可以把这一行为继续下去;如果不是的话,我就要做出选择。

我希望您花些时间起草一份自己的讣告。除了建议您学习上述榜样,我还有一个建议,即您可以想象某个对您非常重要的人正在阅读您的讣告。这会让您跟您要写的字句以某种令人动容的方式产生关联，而这一练习要产生其所需效果正需要这种方式。

勇敢一些。

可是，克里斯，这不可能

如果您的讣告中包含您觉得不可能的事件，会怎样呢？举例来说，43岁的您不可能变成一名44岁生日时在月球漫步的宇航员。同样，如果您现在的身材跟霍默·辛普森一样，您不可能在下一届奥运会的100米短跑比赛上赢得一枚金牌。

我想我们可能都觉得这样的例子很傻。

我们看一下跟我们的家庭关系更为密切的东西：某个价值百万美元的品牌的上市。

您或许想写写这一话题，因为那是您将来希望得到的东西，但您真的认为这事儿可能吗？

在这种情况下，重要的是您会经历某个百万美元的品牌的上市带来的各种情绪：兴奋、骄傲、快乐、圆满感。

> 它是否让您充满了智慧，使您能够完成某个远超您能力的使命？

此时，梦想带来的那种震撼会令您释放血清素、多巴胺、催产素等快乐激素，给您带来种种积极感受。

解 锁
打破受害者情结

接下来，您会备受鼓舞、斗志满满，而您也会表现出高超的解决问题和创新的技巧。您会思如泉涌，而您的职责就是义无反顾地追随您的灵感。

任何个人都不能定义可能性。从我们那些生活在洞穴中的祖先开始，人类一直在不断突破可能性的藩篱。请试想一下如今人们视为理所应当的那些突破，而不久之前它们还看似异想天开。比如以下科技进步成果：

- 虚拟手术
- 3D器官打印
- 蓝牙哮喘智能吸入器
- 健康穿戴设备
- 基因组编辑技术
- 区块链技术
- 量子计算
- 灵巧的机器人

人类始终在前行，始终在寻找新的舞台、新的扩张方式及能让自己更进一步的新方法。这一动力促使我们追星逐月。谁会带我们到达彼岸呢？我不清楚，不过我心里对此确信无疑，总有一天某个人能做得到。未来能够实现的东西如今看似几无可能。

也许您就是那个人！

完成您的讣告之后，尽您的最大努力创造一个有价值的

第七章 面对您的魔鬼

未来和生活，一个美好的生活。正如俗谚所说，有激情、有追求的生活令您遍体鳞伤，但最终您过上了功成名就的生活。这正是我对您的祝福。

您知道，无论您在讣告中写些什么东西，这些东西都会发生变化。您不是在预测未来，而是在创造自己希望获得的能量。这种能量会变成您安放自己生活引擎的铁轨。您希望被人如何铭记的意向创造了您未来生活中的各种要素。如果您依据这一定位、这一意向生活，就是在真正重新驾驭自己的生活，而非将其交由季节变换的潮起潮落。

我请您撰写自己的讣告，目的是让您直面死亡真的会来临这一现实。您终究会弃世而去。请认真对待本章所写内容，这不仅可能成为您期待已久的警示，而且也是您过上美好生活的第一步。

解 锁
打破受害者情结

游戏计划

为巩固您在本章学到的知识，希望您回答四个问题。我所说的回答并非那种花两分钟草草打钩了事的回答。

我希望您认真考虑以下问题并花些时间为自己构想真正的答复。这样做可以让相关知识深入您的潜意识并有助于您开启重获力量这一转型之旅。

◎ 问题 1　您内心的哪些梦想正在消亡？
_____
_____

◎ 问题 2　如果一切照旧，您揽镜自照时意识到自己浪费了多年时光，您会对自己说些什么？
_____
_____

◎ 问题 3　当前您因为追求完美而拖延何事？
_____
_____

◎ 问题 4　您希望给别人留下什么关于您的回忆？
_____
_____

◎ 现在，写下您的讣告吧。
_____
_____

08

第八章 平衡之说纯属鬼话

如果有人向您兜售以下承诺,即您能过上平衡的生活,能够成功地平衡好生活的方方面面,您定会大吃一惊。我想用一个您也许做过的练习向您说明这一无法更改的事实。

我希望您能完成生活之轮这项练习。

如果您曾做过这一练习,那么这对您来说就算小菜一碟了。请按照0~10分的等级给您的生活中的六个方面打分,0分代表一无所成,10分代表终极成功。

今天我们要给以下方面打分:金融、健康、友情、亲密关系、智慧及个人成长。

根据0~10分的等级对每个部分打分后,把每个扇形区中分数对应的部分涂色。最后,您会得到一个分为六个扇形区的圆,而每个扇形区的涂色部分可能有大有小。

图8-1为我们的假想客户约翰的生活之轮。

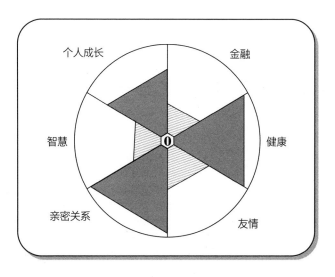

图 8-1 约翰的生活之轮

现在,对生活的六个方面进行打分并涂色,您就可以看到自己的生活之轮了。请您在本书上做(见图 8-2);或者,如果您正在记日志,把该轮复制到日志的一张空白页上制作。

现在就做。

您的生活之轮

您的生活之轮做得如何?

也许最终您的生活之轮就像我们的假想客户约翰的一样不均衡。

第八章 平衡之说纯属鬼话

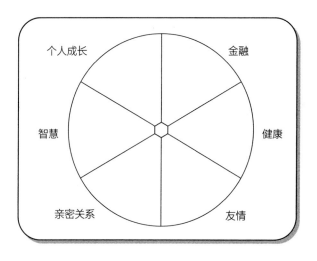

图 8-2 生活之轮

如果您的生活之轮好比您家汽车的轮子,那么,您的车开起来可能非常颠簸。

我们的生活中不正是如此充满波澜吗?

我们可能觉得自己被拉得东倒西歪,有时候每个小时的优先事项都不相同。前一刻我们要立刻关注自己的生意,下一刻可能就要关注自己的健康。我们的孩子需要我们拿出全部精力,但我们的伴侣也有同样的需求。

> 在人生的每一刻,我们的生活之轮的某个方面都会比另一个方面更为重要。

我们的优先事项一直在变,这种多变的环境会带来压力和不适。我们常常觉得自己的人生很失败,因为我们没法兼

解　锁
打破受害者情结

顾一切。更多时候，我们试图通过同时处理多项任务来让生活的各个领域都正常运转。

对于那些不需要占用多少心智的事情，如边铺床边打电话或边听新闻边做饭，同时处理多项任务很有用。这些同时处理多项任务的行动无关大局。如果床没铺好，您可以重铺。

不过，对于那些要求我们在场、谨慎应对的活动，我们采用同时处理多项任务的方式会带来非常糟糕的表现。事实表明，人类的大脑在任务转换时毫无效率。这么做经常会让我们白白浪费时间。我们之所以会犯错，是因为大脑识别新信息的时间是识别旧信息的四倍，如有关税收的更新数据或您为某场重要的业务展示撰写电子邮件的细节。我们可能很容易忽略电子邮件中自带的"回复所有人"的功能，结果不该收到该电子邮件的人也会收到该电子邮件。

有关生产力的研究还告诉我们，我们的大脑被另一项任务干扰后要花 15 分钟才能恢复符合逻辑的思维水平。

如果我们高度专注于当下，我们成功的可能性就很大。因为，我们的注意力会高度集中，将我们的才智、智慧和生活经验都用于我们面对的挑战。

收入最高的专业人士同时也是各行各业的专家，如精通心脏手术的医生、豪华汽车的机械师或长途飞机的机长等。

这一点几乎适用于任何领域。最专业的人得到最高的收入和最高的荣誉。

您保持专注或在生活的某个领域——比如,健康领域——出类拔萃的能力必然造成对另一个领域的忽视。

如果您在家庭方面花费太多时间,那您的事业就可能有困难。

平衡是不可能的。

有一种做法可能令您陷入受害者情结。这种做法就是试图在生活中实现平衡。这必然令您感觉自己不仅在某个领域很失败,而且在很多领域都很失败。

> **受害者情结之镜**
>
> 有一种做法可能令您陷入受害者情结。这种做法就是试图在生活中实现平衡。这必然令您感觉自己不仅在某个领域很失败,而且在很多领域都很失败。
>
> 您的受害者情结正是由此而来。

受害者情结之瘾让您躲在尝试某种完全平衡的幻想背后,同时要求您想方设法地让自己觉得计无所出、毫无创意或训练不足。

当我们把谦卑的需求放大,直到把我们的个人需求放在最后,我们可能觉得自己做了件高尚的事情,一件有利于人类的事情。这种正直具有自损性。它的种子一旦种下去,就会像病毒一样泛滥。真正的原因是受害者情结,其隐藏于以下信念的背后:我们只是在做自己该做的事情,无私是高尚的。麻烦在于，我们无法判断我们的谦卑什么时候是对他人终极协助的真正体现，什么时候是伪装成共同利益后在社会上散播的自恋的借口。

有两个人，他们都出钱资助无家可归者。您如何才能认定其中一个人这么做是因为他真的没有自我意识，只希望服务他人，而另一个这么做是因为这会无意识地将受害者情结的故事延续下去？

您做不到。我们也不可能说清二者的区别。

将谦卑的态度自动等同于一颗品行端正、合乎伦理的内心是一件危险的事情。

有时候，谦卑是保持受害者心态活跃的另一种方式。

您必须有意识地做出决定，不再把生活之轮当作觉得自己落伍的又一个缘由。您的生活之轮永远无法平衡。它只关乎优先事项，而优先事项会发生变化。今天重要的事情明天也许就不重要了。

您必须把时间花在什么地方才能实现您设定的目标呢？

现在，有一个小窍门，可以让您体验一下平衡的感觉，尽管事实上平衡并不存在。

获得平衡感的窍门

既然我们无法获得真正的平衡，那怎么获得平衡感呢？

答案是基于存在的感知。

如果您只将意识放在当下,放在手头任务上,也就是您的全部身心都在这里,专心于自己正在做的事情,那么您就可能获得平衡感。

> 这是一种谨小慎微地选择自己的专注点而抛开其他生活领域的艺术。

时间成为一种幻象。

毫不分心地跟自己的伴侣待上十分钟可能比边刷手机边心不在焉地听对方说什么的两个小时都强。

同时处理多项任务就意味着丧失行事高效的能力。它会剥夺令您加深生活体验、与生活产生关联的能力。

在这个动动手指就能获得无数信息的时代,可能性的诱惑和吸引力让人难以拒绝,使人难以只专注于某个目标。

如果您不理会手机的提示音,您可能会错过某些重要的东西。

那么,同时处理多项任务就不是一种实现自己目标的有效策略;相反,它只会满足我们希望收获更多的欲望。

事实上,更精准地进行选择正是我们脱离受害者情结的出路。这很奇怪,也不合常理。

低效及受害者情结的核心

奥迪 V6 的燃油分层喷射发动机是一款不可思议的机器,

因为它只专注于一件事情。它尽力以最有效的方式推动奥迪汽车。除此之外，它没有任何目标。它无须承担控制车辆空调、保持油压或调节液压等任务。

它是一个高度专业化的机器。它也像人一样。

只是人类拥有一样它没有的东西：一个独立思考并让事情复杂化的大脑。完不成任务时，在创造内疚和愤怒等负面情绪方面，我们的大脑非常高效，即便那些任务实际上并不重要。

您有没有注意过那种通过在待办事项清单上打钩就能体验到的成就感？或者有关事项不得不拖到第二天的那种内疚、悲伤或茫然无措感？

人们无须完成日历上所有事项才值得获得成功。人们无须把任务表上所有任务都完成才觉得当天很成功。有些任务或可交付的成果应该消失。

思考、推理和感受的能力使我们经过多番决策才会采取行动，相关分析和延误难免扼杀我们的进步。

我们必须引入某种让我们不断前行的因素。事实上，这一因素可能被视为生活演化的必需品。

这一因素就是目标。

朝着我们的目标前进，不断进步，创造出一种成就感，拥有一种做大事的精神状态。我们能衡量目标，但我们无法衡量成就。任何公司的损益表上都找不到能对某种叫作成就的资产进行分类的属性、效果或可测量的统计数字。原因在于,成就实际上是一种取得进展的感觉。如果有人说自己感觉成就满满,他们有些什么样的情绪呢?幸福?满足?平和?

如果我们知道没有特定的情绪能创造成就,那我们该怎么办呢?该采取哪些措施?

这些措施包括任何能缩短当下的现实与未来之间的差距、能带来充分进展的事情。这些措施会带您从当前版本的您走向已经过上您希望的生活的未来版本的您。

当然,从当前的视角来看,任何未来版本的您看上去都像某个过上了更辉煌生活的人。

然而,当我们实现该目标后,始终还会出现一个新的目标——一个新的标靶、一种新的征服、一种新的扩张。

由此,人们不能通过某个目标的实现来体会成就,而要通过不断成长、不断前行的目标所产生的情绪来体会成就。

> 很多人觉得自己的人生不在正确的轨道上,自己的生活"不如"他人,原因在于目标的实现已经变成了标靶而非进程。

如果每次您实现了一个目标都因为缺少持续的幸福而失落,您怎么可能会幸福呢?

您告诉自己,我实现了这一目标(无论怎样的目标)就会很幸福。然后发生了什么事情呢?您实现了自己的目标,高兴了一会儿,或者一天、一个星期、一个月。接下来,需

解　锁
打破受害者情结

要做点别的事情——一个新目标——的那种心痒慢慢从小小的刺激变成了全面爆发。

对很多人来说，这种重新出现的必须做点别的事情的感觉往往成为他们对自己进行判断，以及散播妄自菲薄或受害者情结那种不准确感觉的另一个原因。

这些做法都源于几十年来具有积极影响的一句话。这句话绝非为了使受害者意识泛滥成灾。简而言之，直到今天人们对这句话的理解才足以令其发挥作用。

这句话就是"只要您下定决心，您可以实现任何目标。"

这句话对吗？

如果您诚实回答，您的答案肯定是"我不知道"。

没有不可辩驳的证据能够证明您真的能够实现或获得您下定决心要实现的目标或要获得的东西。非常合乎逻辑的反证的例子多达几十亿个（按曾经来到这个世上的人来算）。

那么，发生了什么呢？

人类的无限性不是一个物质性问题。它是一个有关信仰的问题，而信仰往往暗指宗教。

不幸的是，绝大多数有组织的宗教都不会宣扬人的无限性；相反，它们会宣扬人的残缺及通过使个人欲望屈服于一系列圣典来救赎灵魂。

这些宗教都未明确宣扬人们能够获得自己下定决心要获得的东西这一理念。

在量子世界中，事物的存在取决于我们的观察和创造。

第八章　平衡之说纯属鬼话

通过我们对这一奇怪而美妙的量子世界的研究，似乎科学支持有关人类充满创造性的主张。我们最新的科技突破表明，如果没有观察者——即您和我——现实就不会存在。

不过，您上次利用量子物理学来创造自己的世界是什么时候？这就像是说电磁波谱上有您看不见的颜色和听不到的声音。是的，好吧，太好了。这有助于您获得您想要的东西吗？

不论是富裕还是自我怀疑，科学和宗教都为我们提供了一个绝佳的药方。一方面，我们具有让每个人创造自己渴望的生活的潜能。另一方面，我们知道并非所有愿望或梦想都注定能够实现。

我们生活的这个世界充满了这种二元性。同一个人生方程式的两边不仅具有可能性，而且具有必要性。不幸的是，对于我们无法获得自己渴望的一切这一事实的认识，促使有些人专注于不断增加的一系列目标。人们可能在想：我要多树立几个目标，这样我至少可以实现其中一个目标，而且也会觉得自己的人生充满价值。

我曾经听说过"仅仅因为我们有能力做什么事并不意味着我们应该做那件事情"的说法。仅仅因为我们有烹饪的天赋并不意味着我们应该做厨师；仅仅因为我们有写歌的天赋并不意味着我们应该做词曲作家。

我们每个人都比自己认为的更有天赋。

这是一个大问题，因为它使我们无法专注于某一具体目标，鼓吹成功只需随意就好。

带着这些天赋、这些我们擅长的技巧，我们同时追求这些目标，然后看哪一个目标能坚持下去。最终，我们对所有目标都产生了消极看法，因为我们没有认真投入任何一个目标的完成中。

雷切尔的故事

我们以雷切尔为例。雷切尔是一个很有天赋的艺术家、杰出的设计师、出色的经理，还有，他也是一位无敌的销售员。多年来，她在各种工作和角色之间来回摇摆，每一个都做得很成功。不过，她来找我时，觉得自己毫无成就感、非常抑郁，感觉自己的生活毫无目标、无章可循。雷切尔在事业方面极其成功，但她就是无法把某一种技能作为自己人生的焦点。您见到她这样的人禁不住会问："您为什么不开心？看看您生活中的那些美好！"

雷切尔是一个绝佳的例子，证明了仅仅因为您能做某事并不意味着您就应该做那件事。她在很多领域都天赋异禀，但没有专注于其中任何一个领域。

她解释说自己一向成就非凡，很少觉得有压力。即使在读书时，她不怎么学习但成绩很好。

雷切尔在生活中跌入了一个陷阱，她倾向于做生活的加法而非减法。她的家人建议她在大学读商科时，她听从了家人的建议。闲暇时她随意画的画颇有专业水准,周末她担任一家零售公司的经理。

雷切尔的问题在于没有什么东西能占据她的心灵。她对自己承担的任何职责都做得不坏——她是这么看的——没人能拿她的业绩指责她。总而言之,雷切尔觉得很无聊。

在咨询期间,我帮她卸下了很多生活中的责任而非给她增加新的责任。起初,她打算考一个工商管理硕士。我深信她在学业方面肯定会非常出色,所以我认为工商管理硕士也只不过是她能采取的另一个行动而已。

我们的咨询主要是为了弄清楚她最钟爱的一件事。不是随便哪件她能出色完成的事,而是一件她对其充满热爱、充满干劲儿的事。

第三次会面时真相终于浮出水面。

雷切尔如此不懈地追求成功是因为成功能为她带来她最渴求的东西:关注、羡慕,甚至是爱慕。因此,她追求得越多,获得的成功越多,她能获得的关注和爱也会越多。注意到这一点之后,她觉得自己的生活就是一个笑话。从这一刻起,我们开始了真正的努力。

在接下来的三次会面中,我帮雷切尔重建了自信,并且帮她消除了三个限制性信念。

1. 不成功就没人爱我。
2. 成功才会让我有价值。

解　锁
打破受害者情结

3. 我找不到让自己真正幸福的东西。

在这一过程中，我们开始寻找能为她的生活带来开心和幸福的事情。

不是工商管理硕士学位，不是零售业，甚至也不是她出色的艺术作品。

雷切尔真正热爱的是一件她从来不敢追求的事情——写作。

把写作纳入自己的生活，把自己的注意力从那些无法让她燃起内心之火的责任上面转移开之后，雷切尔终于能够重获一种自己生活中一向缺失的目标感。

您呢？

有没有什么事情是您需要放手而非更多尝试的？有没有一份热爱正在蓄势待发？

在繁荣意识培训中，我们学习了繁荣真空法则。简单来说，这一法则告诉我们，为了让您的生活实现繁荣，您必须创造必需的空间。雷切尔需要为自己的写作激情创造空间。她再也不能继续过这种拥挤不堪、诸事不成、被自己的成就所束缚的生活了。

为了写书，雷切尔辞掉了周末的工作，推掉了日程表上满满的安排，从而重获了自己的力量。

您从中学到了什么？您在哪些方面可以放手？

由于我们能做的事情太多，我们往往缺乏效率。

我们必须更加专注，抵制通过同时处理多项任务实现多个目标的诱惑。我们越专注，就越有可能突出我们解决问题、进行创新和利用批判性思维的能力。

深刻地、有意识地设定自己的优先事项并树立明确的意向应该成为我们的生活方式。

最后，同时处理多项任务会拖慢我们的步伐，因为我们会沉迷于各种令我们分心的东西，不断追求下一个耀眼的目标。

不要忘记，进步感是成就感中的关键因素，选定单一专注点能够随时令您获得进步。

情感幻象

伟大的丹麦哲学家索伦·克尔凯郭尔（Soren Kierkegaard）针对人类处境及我们希望让无意义之事具有意义的非理性愿望发表了一番非常负面的雄辩。

他的惆怅不无道理。我们的大脑都很善于制定模式，我们一直试图弄懂这个世界。有时候我们甚至诉诸某种更大的有关全球统治的阴谋论，因为我们周围的事情看起来失控严重。当然，我们认为这种痛苦一定事出有因，一定存在某种计划能够解释我们看到的痛苦或毁灭。

为了维系受害者情结，我们必须相信存在某种外部力量，它或者有助于我们（也就是说，我们离不开它），或者，甚至更为恶毒一点儿，针对我们而我们没法阻止。

解　锁
打破受害者情结

> **受害者情结之镜**
>
> 　　为了维系受害者情结，我们必须相信存在某种外部力量，它或者有助于我们（也就是说，我们离不开它），或者，甚至更为恶毒一点儿，针对我们而我们没法阻止。
> 　　您的受害者情结正是由此而来。

为了维系受害者情结，您肯定相信以下两种信念：

1. 我们残缺不全。
2. 在我们实现自己生活的宏图大志之前，我们必须先得到治愈。

这两种信念都属于情感幻象。

您跟什么相比残缺不全呢？既然任何时候都有人比我们更惨，也有人比我们更好，您究竟为什么会残缺不全呢？您说的宏图大志指的是什么？您能否为我指出来？您能否为您自己指出来？

我接触过的每一个客户都觉得自己来到世上就是来做些大事的，就是来改变世界的。这意味着一些宏图大志，不是吗？如果我们辜负了这些宏图大志，就感觉自己成了某种肮脏而隐秘因素的受害者，而该因素使我们无力让世界变得更好，这让我们非常悲伤。

但情况并非如此。

这个世界上不存在针对我们的宏大设计。

我们的一生在整个宇宙的生命中不过是沧海一粟，我们来到世上就是为了以自己希望的方式带来改变。

我们的非理性需求、我们想弄懂每个时刻的欲望促使我们创造了很多有关英雄或恶人的故事，这些故事让我们的人生充满了意义。

到了我们让自己的人生充满意义的时候了，因为这是我们现在的选择。

不是因为某个计划，某个我们要完成的伟大任务，或者某种书上或星宿之上早就写好的命运。我们现在应当走出人生的迷局，走入我们痛下决心的时刻，就在此时此地决定应该如何生活、如何去爱。

您正面临挑战？您不会是最后一个，在您之前遇到挑战的人多达几十亿个。而您之后还会有几十亿人。

您会利用人生余下的时光做些什么呢？

当下您就有一个很好的机会，您可以为自己的命运设定方向、拿出您的创造性和愿望，尝试一个您一直希望为之奋斗但又害怕为其奋斗的目标。

丢掉您对控制结果的需要。

放弃您对自己的种种期待。

保持专注，看看自己能创造什么奇迹。

讽刺的是，如果您这样做，您或许会惊讶地发现宇宙法则开始垂青于您，而您希望树立的目标得以实现。

显然，我们所处的宇宙具有一种奇怪的幽默感。

解 锁
打破受害者情结

游戏计划

为巩固您在本章学到的知识，希望您回答四个问题。我所说的回答并非那种花两分钟草草打钩了事的回答。

我希望您认真考虑以下问题并花些时间为自己构想真正的答复。这样做可以让相关知识深入您的潜意识并有助于您开启重获力量这一转型之旅。

◎ 问题 1　您曾以哪些方式尝试创造平衡？难度有多大？

◎ 问题 2　当您专注于某一目标时感受如何？您成功的概率增加了还是减少了？

◎ 问题 3　您准备好为了生活而抛掉有关某个宏图大志的非理性情感了吗？为什么？

◎ 问题 4　您隐藏了对什么事情的热情？

09

第九章　愿您不会重蹈覆辙

在课程、书籍、讲座、演讲和私人咨询方面,我已经花掉了成千上万美元。目前,我还有些课程没有完成。为什么呢?因为下一个承诺总是充满诱惑。我对此深有体会。我很难停止继续购买。

近来,我刚刚经历了一段非常艰难的时期,我不得不求助于我所有的资源以维持一种高效的状态及处理生活的重压。

新冠肺炎疫情来袭的三个月前,我被自己所在的澳大利亚公司解雇了,那曾是一份非常安定的全职工作。几年以来,我一直在进行自己的心理咨询培训和相关实践,因此被解雇——虽然改变让人害怕——但无关大局。我一直打算离职以便把自己所有的时间和精力全部放在自己的生意上。

当然,我从未料到会暴发一场全球性传染病。

开始封城之后,我的业务受到了影响。我不得不转向线

解　锁
打破受害者情结

上。就在此时，我的父亲因多次摔倒最终住进医院——恰逢新冠肺炎疫情最严重的时候——最终我们不得不把他送到一家老年护理机构。我不得不打包他的私人用品。我的整个世界的中心，我的妻子，因为手术而卧床不起。还有，我的弟弟此时也走上了他的变性之路。

我透露这些事情并非为了博取任何同情。这就是我曾走过的路。仅此而已。

> 不过，正是在这些艰难的时刻，您才会意识到这些工具、这种学习、这个过程、这些证件都是无用的，除非您把它们真正使用起来。

关于这一点，我会一再强调。

您读到本书绝非巧合。您一直希望能读到这些文字，正如我一直希望写下这些文字一样。

我可以向您保证，当您踏上重获力量之旅时，您一定会希望能避开其中的某些时刻。有时候放弃自己的梦想看起来要容易得多。有时候您希望有人能承担起您想要完成的任务。

走上这段旅程值得吗？

只有您知道这一问题的答案。我希望答案是肯定的。

任何咨询师都不比您强或比您好。是的，他们可能在这条路上比您走得更远或拥有您还不具备的其他技巧或经验，但是您无须因此对他们感恩戴德。

第九章 愿您不会重蹈覆辙

不要做一名随从。

主动找寻您需要的东西以便实现您的目标。

当您要离开这个尘世时，您最难忘的记忆中可能满满都是有关自己的目标和方向的坚定信念，或者满满都是遗憾，因为您本来可以开启一段实现内心最深处的愿望、改变世界等的旅程，但您并未行动。

面对如此令人失落的局面太糟糕了。

想到这一点让人恐惧。知道自己更接近人生终点而非起点让我有些焦虑。

我常常反思："克里斯，你现在在做什么？这样的生活好吗？"

总有一天，您会从镜子中看到您那布满岁月痕迹的脸庞，即便您的内心还觉得富有青春活力。

任何人都无法逃避死亡的真相。在第七章，您写下自己的讣告。如果您现在决定改变自己的生活方式，回头读读自己的讣告再想想您的未来。

请开始您的伟大征程。向一直以来笼罩在您头顶的毫无价值的、令人羞耻的习惯发起挑战。根除您的弱点，释放您全部的潜能。

如果您发现自己对于活成顿悟的自己畏缩不前，我要问您："您为何裹足不前？"

您是因为害怕被人评头论足还是害怕被人拒绝？害怕成功之后不知道该怎么办？害怕活在自己的舒适区之外？

解　锁
打破受害者情结

当您置身于"时机不到"或"终有一天"之海时，您不能任由自己的人生之火，那种燃烧在您最辉煌时刻的不容置疑的伟大火花，自行熄灭。

您的人生不应该有所欠缺。

由于拖延、远离目标或不够努力而妄自菲薄是您每天都会做出的选择。

> **受害者情结之镜**
>
> 由于拖延、远离目标或不够努力而妄自菲薄是您每天都会做出的选择。
>
> 您的受害者情结正是由此而来。

重要的不是您在别人注视之下的表现，而是周围没人时您的表现。只有您才知道自己是否尽了最大努力或半途而废。

与他人的观点健康地分离是一种力量，您可以通过提升自尊来获得这种力量。

如果您觉得自己受人尊重、品格高尚且值得信任，那您就不太容易被别人的看法左右。

您应该从"告诉我我是谁"（把别人的看法当作自己认同的路标）变成"我知道我是谁"（相信自己的价值观和自我）。

在心理学领域，从别人身上寻求对自己价值的确认被称为外部验证。

第九章 愿您不会重蹈覆辙

在《自我与社会组织》(On Self and Social Organisation) 一书中，心理学家 C. H. 库利（C. H. Cooley）和汉斯-乔基姆·舒伯特（Hans-Joachim Schubert）把这一现象称为镜中自我（Looking-Glass Self）。他们创造了以下说法：

> 我并非自己心目中的我，亦非您心目中的我。
> 我是自己认为的您心目中的我。

社会化让我们从他人的看法中获取有关自身价值的证据。孩提时代，我们从父母那里寻求有关自身安全的验证。如果我们跌倒了，我们会望向他们，寻求我们应该对此作何反应。我们还好吗？我们受伤了吗？

令人觉得讽刺的是，我们在寻求外部验证的同时，我们望向的人也望着我们寻求同样的确认。

我们应该尽快从认同外部验证（外控）转向内知（内控）。

在我们探讨自尊三角（Self-Respect Triangle）这一从外部验证转向内知的模型之前，我们先快速探讨一下为什么不论某个行为存在了多久，改变都是可能的。

神经可塑性的魔法

神经可塑性是指大脑重建自身的能力。它会建立新的连接和通路，真正地改变线路。1948 年，波兰神经科学家杰泽·科诺尔斯基（Jerzy Konorski）首次使用了这一术语，但

解　锁
打破受害者情结

直到 20 世纪 60 年代这一术语才被人们广泛接受。

神经可塑性能带来很多好处。例如：

1. 促进脑创伤恢复。
2. 提升记忆力。
3. 改善学习状况。
4. 提升认知推理能力。
5. 具有重建大脑结构性功能的能力（大脑某个部分的功能由另一部分执行）。

我们用一句话总结一下。

> 改变不仅是可能的，而且是您的大脑的自然状态。

假装"改变是不可能的"就是无视您的大脑的本性、结构和功能。

任何习惯都可以改变。

任何行为都可以改变。

任何破坏性模式都可以改变，然后一种新的、更富有成效的模式就会出现。

您能帮助您的大脑更快实现您希望的改变吗？是的。以下是几种方法，能够提升您大脑的神经可塑性的力度和速度。

- 间歇式禁食：增加突触适应、促进神经元生长、改善整体认知功能及减少神经退行性病变的风险。
- 旅行：让您的大脑接触新的刺激或环境，在大脑中开发新的通路或活动。
- 利用助记工具：记忆力训练能够改善前额顶叶网络系统的连通性，并且预防某种与衰老相关的失忆。
- 非优势手锻炼：能够形成新的神经通路并加强神经元之间的连通性。
- 阅读小说：增加并改善大脑的连通性。
- 扩展您的词汇量：激活记忆过程及视觉和听觉过程。
- 艺术品创作：改善大脑静止状态时的连通性（"默认模式网络"或DMN），可促进内省、记忆、共情及提升注意力及专注力。
- 跳舞：减少罹患阿尔茨海默病的风险，增加神经连通性。
- 睡觉：充当神经元间连接物的树突小棘，促进学习记忆的保持，促进信息在细胞之间的传递（Nguyen，2016）。

现在我们知道了改变是可能的，我们来看看自尊三角模型及究竟如何从外部验证转向内知。

自尊三角

自尊三角如图9-1所示。

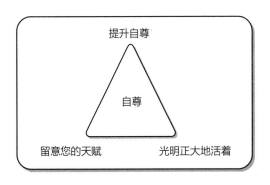

图 9-1　自尊三角

1. 提升自尊

为了提升自尊,您必须开始跟进自己打算做的事情。此时,很多人开始挣扎,因为他们只把这一概念应用于巨大且明显重要的行动。

如果您的老板要求您明天上午 9 点汇报某个项目的最新进展情况,您会熬夜直到写完该汇报所用的资料。否则,您就可能面临相关不良后果。

反过来说,如果您要求自己下午 5 点扔垃圾,而到了下午 5 点您在沙发上快睡着了,您可能把这件事推后,甚至推到明天。

为什么有这样的差别呢?

尊重。

跟大部分人的想法相反的是,这两个例子之间的差别并非失败的后果。后果与动机理论有关。我们讨论的是尊重您所做的承诺,而不是这样做的动机。

处于人们内心的对于自我的尊重要求我们跟进自己的个人承诺，因为这表明我们看重自己，我们重视生活之旅，把它当作我们最好的朋友。

好消息是，您可以训练自己，培养跟进自己承诺的习惯，而这样做自然会提升您的自尊。

进行自我训练的方式就是随便挑选某件听起来很傻或不合常规的事情，然后马上着手去做。

以下是我为了提升自尊而采取的行动之一。

最近，我开始在等红绿灯的时候在人行道上做俯卧撑。是的，当着周围人的面做俯卧撑。我意识到没人关心我在做什么。他们看我一眼，心里想一想，然后该干什么就干什么。我这样做——就在我说过要那么做的时候去做这件事——造就了我的个人力量感。

我希望通过这一行动来设定自己的思想：我说到做到！

您可以做些什么来提升您的自尊呢？

2. 留意您的天赋

自尊三角的第二个部分就是留意您的天赋。如果您误以为自己没什么真正的天赋而别人都比您强，那您将自己的创意、杰出才能或活力用于生活的欲望就会下降。

我们自我批评性的、唠唠叨叨的内心对话充满谎言。它非常善于强调我们的缺陷、矛盾、错误和判断。

不论您是谁，您都有天赋。

您是一个独一无二的人。地球上任何地方的任何人都跟您不同。

您通过仅属于您自己的经历来看待世界。您怎么可能没有天赋呢？这不合乎逻辑，也不合情理。

事实上，人们认为自己没有天赋的唯一原因就是为了守住受害者身份。到目前为止，您已经非常了解受害者情结的阴险本质。只要它抬头，您就必须挑战它。

您有您的天赋。

万事万物的存在都有一个基本真理。

请您深入自己的内心，发现那些天赋。

以下问题有助于您发掘您内心的珍宝：

- 您擅长什么？
- 您真正赞美什么东西？
- 您觉得什么东西对您轻而易举、几乎毫不费力，但别人觉得非常困难？
- 您什么时候会被人指责刚愎自用？
- 您最亲近的朋友觉得您有些什么天赋呢？
- 您特别喜欢做什么？
- 什么事情令您备受鼓舞或感动万分？

3. 光明正大地生活

在第三章，您开发了自己的超级英雄法则。自尊三角的

第三个部分要求您遵守这一法则。

如果您通过定义自己是谁这一法则尊重自己、留意自己的天赋并光明正大地生活，您就能更轻松地度过生活中的艰难困苦。

我只能说光明正大地生活所带来的感觉非常奇怪，尤其是如果到目前为止您都活在别人的看法之中。

显然处于这种状况之中时间最长的人就是我。我渴望验证（由于不完美而出现的一种无意识的被爱或被谅解的需求），如果我得不到验证，我就会崩溃。

我记得自己还在商界时的一件事。当时正处圣诞季，我的团队成员决定做一次圣诞老人。在动手之前我们都从一个帽子里面抽了一个名字，然后为那个人买一个大概 20 美元的匿名礼物。

可是，我没等到自己的礼物。整个房间里只有我没收到礼物。

没收到礼物——什么都没有——让我万分难过。我想哭。我觉得自己无比渺小。他们怎么能够不给我买礼物呢？也许我是个很糟糕的领导？

我不记得有没有发现谁抽到了我的名字，但这一经历的确凸显了我对于别人接纳我的需求。

我向自己保证，我绝不会再允许别人拥有那种凌驾于我之上的力量。

自尊三角帮我缩小了外部验证与内知之间的鸿沟。

它也能帮到您。等在您面前的是：

- 您不再试图弄清自己是谁。您知道自己是谁。
- 您不再试图寻找那个在生活黑暗时可以充当您灯塔的北极点。您就是自己的指明灯。
- 您不再基于别人的看法衡量自己的价值。您知道您有价值，因为您做到了以下三件事：提升自尊、留意自己的天赋及光明正大地生活。

我们再回到神经可塑性这一概念。重复行为提供了大脑运转的框架，这一点是有道理的。那么，您的私下行为会影响您的公开行为就不奇怪了。

如果您活得光明正大且实实在在，您就会表里如一。

把下面这句话放在您的家里和办公室里。每天读读这句话，想想其中的道理。

> 您做任何一件事的方式就是您做所有事情的方式。

根据您最高的荣誉法则生活，您就再也不需要他人的验证。

情绪力量天平

我们在生活中会出现各种情绪状态。有些情绪非常积极，有些介于积极与消极之间，而其他的是完全消极的情绪。对于它们之间的差异取决于它们造成的结果。

举例来说，如果您树立了减肥的目标，有些情绪状态，如志向、热情或感激，会帮您接近这一目标，但愤怒、犹豫或内疚等情绪则不然。

不过，大部分人对自己的情绪状态的关注不够充分，因此他们的内心状态没有一个底线。事实上，如果待在某个状态中的时间够长，这一状态就会成为常态。如果您一直觉得犹豫、内疚或焦虑，您就会相信这是您本该有的情绪，您生来就这样。

唯一真正弄清自己底线的方式就是密切关注自己。

图9-2展示的是情绪力刻度表（Emotion Power Scale™）。简单来说，它是您衡量和追踪您的情绪中心的方式。每天使用它，您就能精确地解读您的可能行为。反过来说，您也可以看看这些行为，查明引发这些行为的情绪。情绪力刻度表还提供了一条向上的路径，使您从受害者心态变成您就是自己的人生建筑师的积极心态。

情绪力刻度表分为三个部分，每个部分包含12个体现该层级特征的情绪/特质。每个层级还包括一系列特定的行为及可能的结果。

该情绪力刻度表并非诊断工具，如果您认为有必要接受专业治疗，请您去看有执照的专业医生。该模型只是一份指南，对它的使用仅限于此。

解　锁
打破受害者情结

情绪/特质	不同层级的行为及可能的后果
爱 安宁 福佑 行动导向 赋权 机遇 感激 喜爱 热情 志向 快乐 幸福	**第一层级　建筑师** 　　您深信自己可以控制自己的现实生活。为了您的繁盛和富足，您需要做的都能做到。您为周围的世界及您的内心承担全部责任，活在当下而非未来或以往。 　　有害的想法很少能支配您很长时间，您是一位行动者而非空想者
正流 乐观 向上 乐意 不耐烦 悲观 沮丧 难受 失望 焦虑 怀疑 担忧	**第二层级　斗士** 　　您有一些把自己的力量转移出去的信念。在这些方面，潜意识模因（头脑病毒）控制着您的信念和反应。您是一位具有强烈目标感的斗士。您可能会在完全专注和拖延之间摇摆。您知道应该做些什么
抱怨 愤怒 报复 憎恨 狂怒 犹豫 内疚 受害者情结 悲伤 绝望 妄自菲薄 恐惧	**第三层级　受害者** 　　您具有很多信念，这些信念会影响您有关自己在这个世界上能有何作为的看法。毋庸置疑，您会相信事情已经失控，而您的不开心大部分都是其他人/事造成的。关键是，您或许还认为只有其他人/事能让您开心

情绪赋权演化线

图 9-2　情绪力刻度表

重要的是，我们所处的层级可能会很快变化，而且也可能在生活的某个领域处于某个较高的层级而在其他领域则处于较低的层级。人们所处的层级不是固定的。不过，有一个习惯记忆层级，我们待在这一层级时觉得最舒服，因为在我们人生的大部分时候我们都如此行事。我们利用该模型就是为了弄清这一点。

我们从第三层级开始。

受害者

在此，"受害者"这一术语指的是一系列情绪状态，它们导致的行为可以解释为受害者心态驱动型行为。从底层的恐惧开始，我们要处理的是最强烈的消极情绪。它位于情绪力刻度表的最底部。沿着该刻度表从恐惧向上，我们心中的负担逐渐减轻，而且情绪的强度也会逐渐减缓。

处于第三层级的情绪/特质都是令人沉重的体验。处于第三层级时，我们可能觉得活在这个世界上非常困难，每天的生活都是老样子且毫无意义，即便树立目标也看似毫无希望。持续扩大的情绪漩涡使我们不断下坠，进入绝望的螺旋。处于第三层级时，我们最容易出现成瘾或自我破坏这种费时费力的行为。这种心态会造成一种低迷或徒劳感。我们容易产生一些自我命名的信念，如我们欠缺成功、尊重和理解，但同时又害怕错过自己应得的东西。这种能量不会减少。人们不太专注于未来。在第三层级，人们很容易陷入某种常

解　锁
打破受害者情结

规,这种常规偷走您几年甚至几十年的人生。

大半辈子时间都处于该层级的人们会常常说:

- 这不是我的错。
- 这不是我的责任。
- 这不在我的职责范围内。
- 我控制不了。
- 只有"这样"或"那样"我才会开心。
- 我究竟做了什么才命该如此?
- 上天会解决一切。我什么都不用做。
- 我总是那个出力不讨好的人。
- 谁能帮帮我。
- "他们"才是最权威的。

人们落入受害者层级,原因是他们抛弃了责任及超出他们影响力的外部力量主导了他们的生活。当他们觉得活着太难,必须怪罪个人控制之外的什么人或什么事时,他们就会进行"放弃"。

> **受害者情结之镜**
>
> 人们落入受害者层级,原因是他们抛弃了责任及超出他们影响力的外部力量主导了他们的生活。当他们觉得活着太难,必须怪罪个人控制之外的什么人或什么事时,他们就会进行"放弃"。
>
> 您的受害者情结正是由此而来。

在该层级时，人们会成瘾。

放弃控制或让别人承担生活的责任会让人有种惬意的感觉。我认为这源于我们孩提时希望被父母保护和拥抱的愿望。随着我们渐渐长大，这一父母象征被他人或组织取代，他们承诺会解决我们的问题、做守护我们的堡垒，总之，会解决我们所有的麻烦。

往往，如此行事的正是政府及有组织的宗教。事实上，任何具有完备的规则结构及违反规则的后果的组织都属于此类。在该层级，后果是一个很重要的考虑因素。

不遵守规则或不按别人的要求去做肯定会产生某种后果。

政府会执行法律，违反相关法律的后果可能是罚款、坐牢，甚至是死刑。

把力量转移给某个外部组织让我们觉得自己没多少权力可以影响自己的命运、过有意义的生活或对未来提出什么要求。

处于第三层级的人往往觉得改变非常困难。改变看起来太难了，这很具有讽刺意味，因为要待在这种负面状态之中非常费劲。

处于第三层级的人坚信自己无力面对自己的苦难，对于不理解自己的人也没有耐心。任何暗示自己可以让自己的生活变好的人不仅无知且很无礼，应该受到惩罚。

"您怎么敢不承认我遭受的痛苦！"

在这一层级的人的人际关系很糟糕。他们可能极其情绪

解锁
打破受害者情结

化，一直生活在引发憎恨或愤怒的高度不确定性之中。如果处于第三层级的人聚到一起，他们可能会互相指责或不断生事。这并不意味着处于第二层级或第一层级的人不会做出此类行为。他们也可能有这样的行为。在他们当中此类行为更为普遍。

处于第三层级的人会抱怨自己永远也无法打败的强大的外部力量让他们"做大事"的愿望无法实现。他们的敌人是让他们自卑、让他们永远是力不从心的小人物的人。事实上，处于第三层级的人喜欢在生活中无所事事，因为这样会让他们牢牢地待在自己的消极情绪之中。

这种压制他们的外部力量可能来自各种地方。它可能源自某个规则众多的机构，如某家银行拒绝一笔贷款，或者某个医生禁止某个不安全的活动等。处在第三层级的人们可能把这种情况当成有人偷走了他们实现自己目标的权利。

"要不是他们，我也能行。"

当然，这些外部的人和事只不过是深化受害者信念的借口罢了。

我知道我说了很多有关该受害者层级非常消极的话，不过，这一层级对人们影响很大。它会造成一种很严重的副作用，即厌倦效应。

能使人们从受害者层级转向斗士层级的是一种针对困难现状的反叛行为。

对于那些寻求有关实现目标和再进一步的个人发展的人

来说，第三层级会变成难以忍受的痛苦。就像几个星期甚至几个月以来挥之不去的牙疼一样，待在第三层级的时间长了，人们最终会因为不堪其扰而采取行动。引发该行动的是以下想法：我再也受不了这种感受了。

您或许经历过内疚、恐惧或愤怒等情绪不期而至的时刻。它们的出现是有目的的，现在您已经知道沉迷于那种感受对您的旅程有害无益。也许您并不清楚自己到底走上了怎样的旅程，但您绝对知道必须做出改变。

如果您认定实现自己的目标比坚守那些旧的信念更为重要，您就会来到第二层级。

斗士

这是一场针对第三层级中那种压迫感的战斗。这是从受害者心态转向行动心态的微妙变化。我们必须做点儿别的事情。

斗士层级不像受害者层级那般沉重。不过，看上去可能并非如此。事实上，看上去它要比带着以前的情绪生活更加困难。我们试图进行改变。我们不再满足于现状，不再满足于只是跟我们的友情团讨论自己的问题，当然，我们的友情团也有这样的问题。在斗士层级，我们希望采取行动，让自己的生活更接近自己的目标。

我们在对抗以往，没法保证前面的路就是正确的道路或

解　锁
打破受害者情结

事情会有所改变。

这种不确定性会引发担忧、焦虑、失望、沮丧、不耐烦和悲观等情绪。这些反应都是拥有某个还不清晰的目标的天然副产品。此外，处于第二层级的人往往会茫然无措，因为他们寻求的是实现自己目标的确切举措。由于没有保证，陷于第二层级的人会感到沮丧。跟受害者相比，后者只在乎一种未获得其有权获得之物的感受。

大半辈子都处于第二层级的人往往会说：

- 这很难，但我不得不坚持。
- 任何有价值的东西都不容易得到。
- 情况可能只会更糟。
- 振奋起来。
- 他们做到了。如果我不走寻常路，我也能做到。
- 我必须再加把劲儿。
- 我也许没他们那么聪明，但我可以比他们更努力。

第二层级有一股绝望的暗流。处于第三层级的人有关于自己应得之物的构想，而处于第二层级的人知道自己能做到更多的事情。他们知道自己有可能过上更有成就的生活。只是……要先进行一场战斗。

往往我们此时会看到世代传递的信念体系在发挥作用。为了有所建树，我的父亲和他的父亲及他父亲的父亲一辈子都奋斗不已。我也必须如此！

这样做肯定会获得荣誉勋章。这很微妙。我必须努力奋斗才能获得财富、幸福或成就。

我的方式是同遇到的所有障碍和挑战进行斗争。

> 最终，我们意识到我们不能强迫所有情况都符合我们的意愿，转而修补我们的内心世界，认定我们能够获得某种让我们操纵外部世界为我所有的隐形智慧。

这的确相当自我。这一行动意味着：我想开启个人发展实践，深刻挖掘自己的精神世界，以便清除那些妨碍我实现最终目标的信念、习惯和令人厌恶的行为。

此时，我们会注意到受害者的应得权益水平开始悄然上升。

斗士为更美好的世界而战，因为他们觉得有权这么做。虽然他们已经放下了此前层级的那种有害的权利，但该层级的精髓——最后一丝雾气——仍逗留在某种思维进程之中，并且在该进程中权利隐藏在成长的背后。

第二层级要求人们相信自己是来改变世界的，只是他们必须经过艰难困苦才能赢得这一权利。

这是一个典型的内疚驱动型层级。面对受害者的权利及根深蒂固的对身为建筑师的自我的信念，斗士感到左右为难，他们往往因尚未实现自己的目标而内疚。他们可能觉得自己让别人失望，以及在更多情况下让自己失望，因而更需

解　锁
打破受害者情结

要解决自身的问题。

实际情况并非如此。这里的内疚只是从第三层级向第二层级转移时的一个副产品。中间层级——就其定义而言——必须包括上下两个层级的某些方面。斗士刚好包含这些方面：受害者权利的最后痕迹与个人信念和建筑师力量的萌芽。

对该层级来说，个人发展变成了希望的堡垒。拥有很多方法和机遇的自助行业承诺将提供一种方式，可以使人们赢得针对限制性的斗争，而且让人们最终实现自己的目标。

不过，这一斗争最终将是针对我们自身的斗争。

斗士是一个完美平衡的层级。

遇到被视为无价值例证的损失或挫折时，我们可能很容易（常常）再次回到受害者层级。只要出现一丝怀疑，愤怒、恐惧及受害者成瘾循环随时会乘虚而入。

在相同情况下，该层级的胜利会让人们产生乐观的情绪，继而让人们拥有一种规划感、可能性及目标感。

当我们觉得自己在设计自己的生活、自己能在一定程度上控制自己对事件的反应时，我们就进入了第一层级。

建筑师

建筑师指的是那些不仅能制订计划，而且还能实施这些计划并设计自己生活的影响者。该层级的人拥有能够安然渡过生活中的高峰和低谷所需要的技能，并且对自己的情绪状态有所把握。他们理解且也能够将回应掌控力的思想付诸实践。

> 回应掌控力：您在任何情况下选择回应的能力。它以缘由为依据。 简单来说：
> "我们无法控制会发生什么事情"不是回应不力的借口。
> 带着意图进行选择。
> 有技巧地进行回应。

当您练习回应掌控力时，您接受生活状况的本来面貌。人们基本都认同这种经历应该有所不同。您会表现出一种镇定、自信和笃定的神态，您知道自己具有渡过生活中的高峰和低谷所需的动力、心智和智慧。

在动荡时期让自己处于中心地位或优势地位的能力让您拥有巨大的力量。不过，人们很少将这一力量针对他人。您的力量来源于对自身能力的自信及对于有些经历您无法控制这一事实的接受。

对建筑师来说，这完全没有问题。

建筑师不指望自己能够控制生活的全部。他们很满足于自己能够成为最好的自己。

在第一层级，我们具有很强的成功的动机，但不会表现出前述层级那种冷酷的态度。它不是一种"我们对他们"的

解 锁
打破受害者情结

方法。人们都会经过仔细评估、判断和接受才会做出决定，但是，即便我们尽量减少损失，损失仍有可能发生。

还有一种有关局限性及成长悖论的更为准确的理解：我们必须接受以下事实，即我们要避免某些事情才能获得尝试这些事情所必需的平静。我会在下一章探讨这一悖论。

这一悖论扼杀前述层级中的成长，而第一层级承认这一矛盾的存在和讽刺性。

建筑师的情绪状态——我们都希望永远生活在其中的那些情绪状态——极其容易让人上瘾，如志向、热情、喜爱、赋权、爱等。

进入这种状态常常成为较低层级的目标。

然而，对于生活在建筑师层级的人来说，这些情绪是某种生活方式的副产品而非目标本身。受害者和斗士往往缺少这些情绪，从而使建筑师看起来好像具有某种能始终保持这些积极状态的魔力。

事实上，充斥在这一必要心态中的更多的是行为选择而非情绪。

大半辈子都生活在这一层级中的人常常自问：

- 我今天想取得什么成就？
- 我希望带来什么影响？
- 今天我怎样才能让某人的生活变得更好？
- 今天什么东西能让我充满感激？

- 今天什么人能让我充满感激？
- 如果现在的我就是最好的我，那我现在要做些什么？
- 今天我怎样才能更爱自己一些？

想象一下，在您的生活中这些问题并非只是某个进程的组成部分——我的意思是说，您任何时候都能问这些问题，对吗？相反，把它们想象成您生活中根深蒂固的、默认的出厂设置。您的生活会有所不同吗？

假设您生活中有一个这样的人或在朋友的晚会上遇到过这样一个人。由于他们充满了正能量，他们的情感中枢和基础可能非常容易让人沉迷。这就是建筑师要面对的挑战，也是人们可能重返较低层级的原因。

面对伤害性或让人不安的时刻，谁都不会无动于衷，我们都有一定带宽的情绪负荷，可以用于应对或处理我们生活中的状况。在建筑师层级的人似乎拥有更高水平的情绪负荷，但并非永无止境。您从他们那里听到的最常见的说法是，别人就像能量吸血鬼一样吸取他们的能量而他们需要重组。

在他们安安静静地待在家里或周围有很多人、很吵时，这种情况都可能发生。在这两种情况下，他们都必须给自己充电并继续选择能反映建筑师德行的行为。如果他们过于放任自己，他们就可能滑回斗士层级甚至受害者层级。

我们一定要记住每个人都会经历这三个层级。您要反思一下，您的大部分时间都用在了什么上面？

您在什么情况下比别人更可能跟家人联系？通过回顾情绪力刻度表上的情绪状态，您可以了解可能支配您的行为的思维。您也可以弄清楚从受害者层级向斗士层级或建筑师层级转换所需的心态。

我在下文将详细列举一些会带来行为及态度转变，从而让您从一个层级换到另一个层级的行动步骤。

在不同层级之间转换

以下是一些您可以用来帮助自己从受害者（第三层级）转变成斗士（第二层级）的行为：

- 远离鼓吹特权感的人。
- 引入一些您始终能够实现的小目标。
- 开始跟进对自己的承诺。
- 开启个人发展进程，发掘自己的潜在技能。
- 处理愤怒、悲伤、恐惧、内疚等消极情绪。
- 练习原谅他人及原谅自己。
- 每天记日志，允许自己表达自己的情感。
- 确定让自己兴奋不已的长远目标。玩一下"假设情景"游戏：要是我能……？要是我做了……？要是我有……？

以下是一些您可以用来帮自己从斗士（第二层级）转变

成建筑师（第一层级）的行为：

- 确定自己想获得什么及决心做些什么才能使自己成为可以将这些东西引入自己生活的缘由。
- 让自己的目标更大、更难实现。尽自己的最大努力。
- 练习感恩。
- 注意到试图控制一切是徒劳的。
- 每周确定三件能表明您正接近目标的同步事件。
- 多看看书，至少每个月1本，每个月2~3本更好。这些书应该是非小说类书籍，应该是能够增加您的技能和知识功底的书籍。传记类书籍也可以。
- 停止同时处理多项任务的做法，多用用您的日程表。

此处无法一一罗列您会遇到的挑战；不过，如果您（至少在刚开始时）非常熟悉自己对每一层级的感受，将来如有需要，您可以更好地干预自己的思维和行为。

利亚诺斯方法

我提出了利亚诺斯方法，以其作为构建从受害者向斗士再向建筑师转换的方式。从根本上说，该方法是一系列使您获得个人力量的步骤。

对您来说，这一方法并不是结束。您有责任完成这一过程，也有责任走实现自己的目标所需要的正路。

我发现，结构化的流程最有利于帮助我的客户保持一种积极的决策状态。

不要忘记，您是控制者，您拥有力量。这是您的生活。有意图地进行您的日常选择和行为，让您的生活充满激情和目标。

您希望得到的东西是可能的。我们来看一下这个方法。

步骤一

确定您在情绪力刻度表上的位置

您处于第三层级（受害者）、第二层级（斗士）还是第一层级（建筑师）？找到这一问题的答案的最简单方式就是看看每个层级上相应的那些情绪状态并进行自我审核。五天后，记一下您出现某种情绪的频率。这将切实显示您的起点。无论您的起点在哪里都没关系。我们必须了解自己当前的状态才能对其加以改变。

如果您觉得五天太难，可以减为三天，但不应少于三天。这段时期越短，您的答案就会越理智，越无法反映您真正的精神家园。

步骤二

确定您最希望经历的建筑师等级中的情绪状态

是感激、志向还是幸福？是另外一种状态？一旦您确定这一状态，花点儿时间写一写它为什么对您很重要。为什么您希望经历这一状态？它会为您带来什么？它会为您的家庭、您的社区、您的国家带来什么？它会影响全世界吗？这种情绪如何改善您的生活？尽可能写得具体一些。我希望您能真正去感受一下，把自己带有这种情绪状态的生活想象成自己的家。

如果您开始觉得有些情绪化，不要担心，那只是一种正常反应。如果您真的有了情绪，就让它在您身上发泄出来。情绪是流动的能量，因此，无论它以什么样的形式出现，允许自己感受它。

步骤三

1）确定让您身陷当前处境的思维

哪些想法引发了您现在的情绪？什么想法让您感觉被困、被夺权、无法取得进步，或者受周围其他人、其他地方或事情的影响？

2）接下来，反思一下这些想法从何而来？

假答案是"我"。不要这样回答。认真看看它们从何而来。是过去跟某人的一段经历吗？有没有人告诉过您一个您信以为真、从未质疑过的真相？

3）现在反思一下：如果要我选择一个有关这一问题的想法，我该如何选择？

这一步可以让您重获力量。

解锁
打破受害者情结

卢克的回答

以我服务过的一个客户为例。以下是卢克的回答。

确定让您身陷当前处境的思维

卢克说该思维跟他的父亲有关,他觉得自己过的是父亲的生活而不是自己的生活。他觉得自己模仿父亲是为了获得他的赞成和爱,即便他也是一个有自己家庭的成年人。

这些想法从何而来?

起初,卢克无法确定这一想法——他需要过父亲的生活以得到他的赞成和爱——从何而来。他花了些时间回想了一下,想到了一件自己年轻时的一件事。卢克写了一篇自己非常自豪的故事并请父亲通读一下。

然而,等到交稿的日期都已经过了,卢克的父亲看都没看。卢克没把这一过失算到父亲头上,相反,他认为是自己不配让父亲认真对待。因此,他(无意识地)决定要学父亲的样子,希望这样做会让父亲重视自己。您可以想象,这并非一个孤立的案例,与父亲和解早已变成了一种无意识的、重复性的模式。

如果要我选择一个有关这一问题的想法,我会选什么?

如果您做到了第二点,选择一种新想法就相当容易了。卢克从成年人的视角来看待这一事件。他决定自己做什么无须父亲的赞成,他再也不会让这一事件控制自己。他的新想法变成了:我不需要他的赞成。我可以自己赞成自己。

在该进程中要警惕以下情况：一旦您通过选择某种想法重获力量，您可能会产生一些相反的想法。如果出现相反的想法，请直接跳回第二点重做一次。

现在我们回到利亚诺斯方法。

步骤四

确定让您困顿的习惯循环

所有重复性思维都遵循一种叫作习惯循环的过程。它包括触发，对该触发的回应，以及基于该回应的回报，如图9-3所示。该回应是一种典型的有条件的回应。

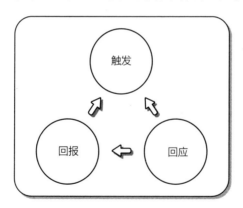

图9-3 习惯循环

目前，令您进退两难的思维也包括触发、回应及该回应带来的回报。

好的或不好的习惯都会带来回报，绝大部分人对此并无有意识的认识。这正是习惯难以改掉的原因。

在我的一期播客上，我谈到了坏习惯的两种好处：保护

解 锁
打破受害者情结

和慰藉。

保护常常表现为拖延和完美主义,人们可能利用保护避免自己暴露在外部世界,因为人们害怕被嘲笑、被伤害或被判断。在我的客户当中,很多人认为拖延是一种坏习惯。但是,如果我们从保护的框架来看待这一习惯,就会明白拖延服务于一个有效而重要的目标。

我们可以利用慰藉给自己一个虚拟的拥抱。慰藉常常表现为把自己的任务更换成更令人舒适的东西。

不为令自己害怕的演讲做准备,相反,我们通过坐在沙发上喝杯饮料、吃披萨、一口气把自己最喜欢的18集电视剧看完等来慰藉自己的情绪。对于一位勤于工作的人来说,坐在沙发上毫无用处——事实上坐在沙发上是有用的。我们会受到慰藉,会感觉好一些。

您不断重复的所有行为肯定都有回报,不论您是否意识到了该回报。

就卢克来说,无论他何时接受了任务,他都觉得需要得到什么人的赞成。因此,我们有了触发及他随后的回应。他的回应包括他反复思考的一些想法:

- 我该如何对此进行补救?
- 如果他们不喜欢,那怎么办?
- 如果我不够优秀,那怎么办?
- 我以前做过很多次,但为什么现在还是做不好?

这些想法的回报就是，因为他需要这种赞成，他与自身及他与父亲之间有了更大的联系。按照因果关联的说法，他是自己的父亲赞成的果。

让您陷于困顿的触发和回应是什么，您此后得到了什么回报？

给您一句忠告。我的很多客户说消极行为没有回报，事实上消极行为也有回报。您只要深入自己的内心就能找到其回报。所有行为都有一种积极的意图。

如果您难以找到回报，考虑一下继续该行为能使您避开怎样的痛苦。这种回报可能就来自这种躲避。

步骤五

确定一个您希望实现的明确目标

目标必须用现在时写，就像您已经实现这一目标。用将来时写的目标往往会失去其吸引力。用将来时写的目标可能就像"下个圣诞节前我能减10公斤"。

这一目标的问题在于，您总能把它推迟到下一个圣诞节。要记住永远没有明天，您有的只是今天。

因此，如果我们坚持这一减肥目标，我们可以把这一目标写成：今天是12月25日（××××年），我重72公斤。

这一目标非常具体和清晰。

当您说出自己的目标时，您或许会发现那种令人丧气的想法再次出现。如果遇到这种情况，重复步骤三中的第二点和第三点。请不要忘记随时质疑这些想法,确保您思考的是自己选择的想法。

步骤六
完成彻底谅解五角形

彻底谅解五角形(见图9-4)是我提出的应对羞耻、内疚和后悔的模型。这三种情绪是自我不谅解的基础。当我们因为以往的行动而产生这种情绪时,我们就会阻碍自己实现希望的繁荣。这就像我们希望被赐予祝福,但由于我们以往的过错,我们仍会感到羞耻、内疚或后悔。

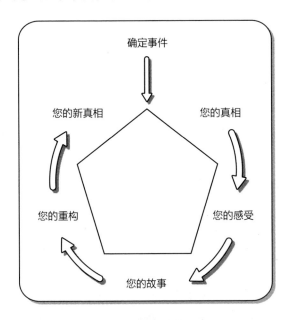

图9-4 彻底谅解五角形

这一模型能让您释放这些情绪并最终谅解自己以前的行动或行为。

确定事件

确定您在哪个领域曾无法摆脱一件以往令您受伤或怨愤的事情。可能是以前曾跟您争吵过的某个人或某件至今仍笼罩在您心头的事情。您选的领域也可能跟他人无关，可能只关乎您自己。这一事件应该能引发以下情绪当中的某种情绪：后悔、羞耻或内疚。

您的真相

花点儿时间把您对该事件的回忆如实记下，写出它对您的具体影响。不要有所保留，并且相关描述尽可能生动。如果您出现任何情绪，就放在下一步进行处理。如实写下自己能记起的内容。

您的感受

在这一步，希望您认可出现的感受。如果您在上一步的描述非常合乎逻辑也非常合乎理性，希望您多记记日志，此时着重写这一事件带给您的感受。无论您有怎样的经历，这种经历总会伴随一种或几种情绪。有了这种情绪，您只会让自己的潜意识垂头丧气。如果您排除这种情绪，当您觉得足够释怀，能够阐述某件事带给您的感受时，您就能找回自己的力量。

您的故事

此时，请注意，到目前为止，您注意到的一切都是"您

解锁
打破受害者情结

的故事"，也就是您对该事件的阐释。认识到您经历的一切只不过是您对现实的感知，这一点至关重要。任何两个人对同一个事件的看法都有所差别。因此，如果您对某事感到不安，您需要弄清楚真相到底是什么。我希望您在这一步反思一下："我到底对什么感到不安？"这一问题会把您的专注点从该事件或人转移到您身上。重要的不再是您遇到了什么事情或您做了什么事情。在这一步，我希望您能弄清楚真正令您不安的事情：

- 您让自己失望了吗？
- 您违背了对自己的承诺了吗？
- 您没有勇气停止某个伤害别人的行为吗？
- 是否有人伤害了您，而您因为心怀报复而嫌弃自己？

真正令您不安的是什么？

您的重构

我们先说一下前提：这件事的发生是为了我的至善，为了我的心灵的最高提升。这里我们要问的主要问题是："这一事件如何迫使我成为更好的自我？"

没错，这是一个具有挑战性的问题，也是处于建筑师层次的人会问的问题。

这一事件是否迫使您重建底线？重新体验自我？燃起雄心？最终找回自己的力量？

请如实回答："这一事件如何迫使我成长为更好的

自我?"

您的新真相

最后一步,将这一新的真相和新的认识融入您的内心。

为此,在您心中回顾一下该事件,只是这次您要运用从彻底谅解五角形中学到的东西。在这一过程中,您对该事件的感受会有所缓和。该事件会变得温和,甚至让人觉得是一件幸事。

彻底谅解五角形的强大之处在于,其每一步都是为了让您从果变成因,从受害者变成斗士或建筑师。

您可以尽情使用这一模型。

步骤七

确定行动并加以实施

现在,您需要确定向自己的目标前进所需要的行动。如果您思虑过度,这件事可能很难。您无须了解自己想采取的每一步行动。

有两件事毫无疑问:

1. 这些步骤会发生变化。
2. 您无法确定需要采取的每一步。

步骤七是为了帮您启动前行之路。前文我说过您再怎么准备也不会觉得一切就绪。如果您等到对每一步都确定无疑并制订了绝对可靠的计划时,您就可能永远也不会真正开

解　锁
打破受害者情结

始。即便您开始行动了,当您精心设计的策略被意料之外的挑战打乱时,您也会裹足不前。请准备好根据您得到的结果调整您的进程和取向。

先定义好为了实现您的目标而必须采取的五个行动,并且立即行动。您现在能做些什么让自己更接近目标呢?

举几个例子:

- 打个电话,跟某个能帮您的人沟通一下。
- 把您的任务写在您每天的计划表上。
- 跟某个负责任的伙伴沟通一下。
- 设计一个符合您的目标的愿景板。

实现自己的目标不过就是完成一些不起眼的任务。

因此,您的目标就在您手中。踏踏实实地跟进您的梦想和目标。现在,这个世界需要您及您的独特愿景。无论您提出什么主张,以及能点燃怎样的创新火花,我们都可以肯定地说它们都属于您自己。只有您能按自己的想法去讲、去做、去创造。您是造就斗转星移的原创能量的一种独特表达。

让您的原创力造就伟大。

第九章 愿您不会重蹈覆辙

游戏计划

根据第九章游戏计划,您无须回答任何问题。

您的任务是完成利亚诺斯方法并找一位负责任的搭档给您提供帮助。

10

第十章 完成宿命之信念

随着我们一起走过的这段旅程到了尽头,我们也遇到了重获力量过程中更有争议的一个方面——信念。

在本书中,自始至终我都在引导您控制自己的思维,不要为自己的内心安宁、兴旺、高效或成功而感激任何事或任何人。

相信自己至关重要。

我也知道,如果您觉得面对的挑战超出了自己能力的极限,那么这一点听上去多么空洞。

作为一名咨询师,我非常不愿意听到那些善意的朋友或家人对我的客户说"您能做到的""您会没事的""振作起来""您会成功的""保持正能量"等。我特别鄙视对我说这种话的人。

虽然这种说法是善意的且也是出于鼓励和支持,但对于人们现在正遭遇的个人挑战来说,这些说法毫无同理心。

第十章 完成宿命之信念

如果您遇到威胁您的安全感或内心安宁的挑战，不瘟不火的评论或让人厌烦的老生常谈没多大价值。它们不会减少别人对您的善意。只不过，如果别人对您说这种话，这些说法很少能提供像样的可行性措施。往往它们会带来正好相反的影响。

您觉得自己应该以一种富有成效的、能自然而然解决挑战的方式来应对挑战。只不过，事实是您觉得自己能力不足，反而把注意力集中于无能、失望或不配的感受。

在很多案例中，我发现前行之路就是信念。

信念离不开信任，或一种对于无法量化或证实其存在之物的信心。如果您知道什么东西对自己来说是真实的，那您无须信念也能保持那种信心。如果您有证据能证明……那就不是信念。如果您克服了相关障碍从而继续自己的生活……那也不是信念。

拥有信念指的是对于实现某一未来目标拥有完全的信任和信心而无须证据。

信念既坚定又不可捉摸。它既虚无缥缈又非常真实。您能感觉到信念的存在。它是一份承诺但又没有必将实现的证据。

信念是当您遇到的问题找不到那种常见的、可衡量的解决方案时您必须依赖的东西。

面对生意崩溃、收入减少、健康危机、家庭紧急事件、家人或朋友离世、全球传染病、种族暴力或任何困难的、麻

解 锁
打破受害者情结

烦的、令人头疼的情况时，我们很难通过逻辑或理智思维找到答案。往往，我们默认的做法就是依靠理性的或客观的思维判定下一步应该做什么。为了挽救生意、处理突发疾病或渡过全球危机，我们必须怎么做呢？为了处理好最棘手的挑战，哪些措施才符合逻辑呢？

有时候这些问题能够带领我们找到解决方案，有时候则不然，它们只会凸显我们的不知所措。我们没有停泊之地，没有方向，没有能指引我们前行的灯塔。

然而，我们必须前行。

> 为了实现您人生的宏图大志，您必须坦然接受以下现实：面对并穿越不确定性是登顶您最终成功的巅峰所必需的一个条件。

弗洛伊德谈到过集体无意识，而几百年来哲学家们也不断宣扬世界上不存在原创性思想。如果情况的确如此，那么所有的思想和灵感都来自我们每个人都能到达的更高级空间。

有些人在遇到此类灵光乍现时无动于衷，而有些人会思来想去并为自己将来采取行动的某个遥远时刻做好准备或规划。还有一些人，一些对成功充满激情的少数人，他们会根据这些想法展开行动，设计好相关路径以便开展业务、撰写专著、塑造完美体型、品味世界各地美食或打造一段美妙而专一的亲密关系。

这些选择都会带来某种结果。只有在我们弥留之际,在我们无法确保明天会怎样时,这种结果才会显而易见。

无动于衷
无动于衷的结果:为失去的机遇或虚度的人生懊悔不已。

思来想去
思来想去的结果:一生平淡,很多承诺没有兑现,很多未来的计划没有完成。

采取行动
采取行动的结果:人生圆满,开开心心地实现终极目标。虽然满身伤痕、风尘仆仆,但面带微笑,因为知道自己这辈子已经拼尽全力。

我们每刻都在对上述三条路做出选择。我们知道,正如牛顿的经典物理学讲的那样,每个作用力都有一个大小相同但方向相反的反作用力。

每个因都有一个果。

我们的作为或不作为都有一个后果。

由于我们无从得知哪种行动能保证我们成功实现我们的目标,我们会根据已有信息为我们接下来的举措做出判断和选择。大部分人难以实现人生终极目标,因为人们需要确定性,不愿采取缺乏理性、逻辑推理或以理智思维为基础的行动举措。

不过,正如我在本书中指出的,您对美好生活的最高表

解 锁
打破受害者情结

达位于您的舒适区之外。为了探索未知领域,您必须接受以下事实:有时候理性思维必须让位于信念。

我们必须从了解确切的步骤及成功的确定性转变为相信自己做的是正确的事情——我们必须相信自己的行动会促成自己目标的实现。

这种思想存在着一种确定性,这种确定性的支柱并非以逻辑或理性为基础的。相反,我们坚持对信念的信任及我们内心灵感的指引。

如果我们的生活一帆风顺,那么,我们很少会依赖信念。我们觉得一切尽在掌握。

节食正发挥作用。

生意正在扩大。

我们的人际关系更为牢固。

我们的健康状况正在改善。

如果我们保持增长和进化而不是停滞不前,最终我们会遇到超出我们心理复原力的挑战。我们会觉得没有应对这一考验的毅力和韧性。

- 遭遇经济不景气。
- 全球性传染病让家庭经济甚至国家经济停滞。
- 诊断结果没发生变化,甚至病情恶化。
- 我们的不安和忧郁越来越大,随时可能吞没我们,也让我们处理和应对生活某些时刻的能力蒙上了阴影。

第十章 完成宿命之信念

在这种情况下我们该怎么办呢？

面对压力，我们会屈从于自己自然的条件反射式的回应。如果您是一个自信的人，您觉得自己能够处理这一挑战。如果您犹豫不决，您可能对自己产生怀疑。一种回应要求您继续前行，接受这一挑战；另一种回应则让您后退，探寻自己的内心。

在这种情况下，人们通常会更执着于自己了解的东西。

更加努力。

花更多的时间。

寻求社区或支持团体的安慰。

虽然这些选择能带来些许慰藉，因为您觉得自己忙忙碌碌、表现积极并致力于寻求解决方案，只是，有时候它们并没什么作用。

在我们的生活中，有时候我们面对的挑战超出了我们当前的脑力，让我们无力应对。

我们可能觉得茫然、困惑或惊讶。我们正如汽车灯光下的鹿一样，无力采取任何行动。

当然，我们可以通过一番努力，竭尽全力解决这一问题，不过，我觉得信念是一条更为深刻的途径。

努力只是成功方程式的一部分。是的，我们必须做克服这一挑战应该完成的事情——再融资、节省开支、改掉那些徒劳的习惯、学会更好的沟通方式——并实施这些补救措施。是的，尽管我们摆脱不掉那种我们做不到的感受，但我们必须变成更好的自己。

我们必须相信自己该做的都做了，尽管我们并不清楚情况是否如此。

信念是一种悖论。

有的人通过信念获得了比自身更强大的力量，这种例子比比皆是。您可以说这是一个奇迹、如有神助或神来之笔。总之，发生了一些非同凡响的事情。例如，空姐维斯娜·乌洛维奇（Vesna Vulovic）所在的航班在33000英尺（1英尺=0.3048米）发生爆炸随后坠落，但乌洛维奇在没有降落伞的情况下得以幸存。

但是，那是对什么东西的信念呢？

您有能力找到应对挑战的方法的信念。

请注意，我并没说您会取得成功。谁也不知道您是否会取得成功。而且，如果您知道的话，您也就不需要信念了。相反，我们请您强化您的个人决心、培养一种稳定的信任并进一步了解您设法应对挑战的方法。在这一方面您曾经取得过成功，因此您有所参照。

您可以参考自己在生活中遇到的困难并吸取的经验。

此刻您仍然站在这里，正在阅读本书，正努力变成最好的自己。

太多的人把自己的生活经历视为理所应当，意识不到自己应得的成就感。

如果您已经年过五旬，您肯定目击过以下震惊世界的大事：

- 人们可以不受限制地使用互联网。
- 易贝成立。
- 王妃戴安娜之死。
- J. K. 罗琳出版了《哈利·波特》。
- 第一只克隆羊多莉被公开展示。
- 您活过了千禧年。
- 9·11事件的发生。
- 艾滋病。
- 脸书（Facebook）的发布。
- 油管（YouTube）的创立。
- 苹果公司推出iPhone手机。
- 新冠肺炎疫情暴发。

您经历过的大事还有成千上万件。

在此，我要说的是您比自己认为的更坚强也更坚韧。您已经证明自己能够逆境崛起、蔑视艰难险阻，即便身处不利局面依然能够大获全胜。

您有理由相信自己能够找到应对挑战的方法。

不过，信念也是一种悖论。

信念悖论的有效利用方案

韦恩·戴尔（Wayne Dyer）是过去30年伟大的心灵导师

之一。他的著作对我影响颇深，2015 年他去世之前写的最后著作之一《正能量修成手册》，对我影响尤其深刻。

我觉得他对信念悖论的总结无人能及。

"每个人都是拥有短暂人类经历的永恒的存在。"

这是什么意思呢？

在很多老传统中，人们认为心灵或高级的自我这一概念是不可侵犯的真理。

图 10 - 1 体现了本源、高级的自我，以及意识与潜意识之间的关系。

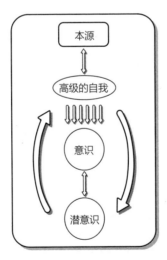

图 10 - 1　本源、高级的自我，
以及意识与潜意识之间的关系

您的意识（CM）与您用来进行决策的日常理性思维有关。本书已经详细探讨过的潜意识（UCM）与您的信条、价值观和模式有关。潜意识是您所有行为的驱动力。

在此，请允许我有些故弄玄虚。

高级的自我就是您自己，只是抛开了人类经历及您如今面对的考验。您的高级的自我无须承担任何痛苦或情绪波澜。

您必须从结构转向心流，从控制转为接受，从抵制变为认可。

在近来跟加拿大的一家组织进行的视频访谈中，我们遇到了一个必须运用该原则的场景。

直播前五分钟，主持人遇到了技术问题，无法进行广播，而几百名听众正眼巴巴地等待访谈的开始。最初，该节目的主持人对更换平台非常抵触，利用各种技术手段试图重启广播。当然，那些方法都没起作用。

最终，在另外一名主持人的帮助下，她还是更换了平台，不过那意味着我们没法进行现场直播了。接下来我们录制了该访谈，此后在网上发布。

这一核心事件造成了一个非常有意思的结果，那就是事实上我们录了两次而不是一次。45分钟的访谈变成了90分钟的访谈，给她所在的社区提供了更多的建议和协助。

如果她继续抵制，强行推动"直播"，我们可能一个节目也录不成。

正如该节目的主持人一样，事情不如意时您必须放弃抵制。

解　锁
打破受害者情结

　　思考人生和信念——事情应该有所不同，因为我觉得它们应该有所不同——是一种符合人性的生活观念。

　　这个星球上没有其他生物有这样的能力：看到现实，抵制某个事件，然后反思多年，活在过去，硬生生地吸干自己的生命力。

　　人类已经掌握了与现实抗争的方法。

　　我们都迷恋控制。

　　"自我修补的需要"本身是一种抵制，会让您失权。

　　试想一下：如果您觉得自己有些残缺而唯一的自我修补工具在外部，拥有力量的是您还是这一工具呢？您是该工具、教练或进程的果。关于这一点，本书已经进行了详细探讨。

　　我们的挑战在于，寻求帮助、接受帮助让人感觉很好。但以下悖论依然存在：您很有力量，但只能通过放弃对展现该力量的需求来展现该力量。

　　当您放弃展现和控制，您就拥有了安宁或信念。

　　正如我们独特的抵制现实的能力一样，我们同样可能是地球上唯一能够理解或相信一个并不存在的未来的生物。

　　抵制和信念，一枚硬币的两个面。

> 我们展现自己渴望生活的能力取决于自己出现抵制情绪时是否能有效把这枚硬币翻到另一面——信念。

第十章 完成宿命之信念

我们必须能做到：

1. 清晰而明确地弄清楚自己要展现的东西。
2. 承认自己的现状并以此为起点。
3. 转而相信自己的当前状况会变得更好，并且专注于自己的终极目标。
4. 以信念和信任为盾前行，应对挫折和负能量并采取重大行动。其中包括学习新技能并付诸实践，还包括进行必要的个人发展和自助。（请注意，您仍有个人发展和自助的空间，但这再也不是您的第一步。按照这种方式，这种努力一定能够带来积极的动力而不是拖您后腿的手段。）
5. 尽自己最大的努力保持平和，从第一步不断重复。

做这些事情确实不容易。我对此表示理解和接受，因为我经历过这些事情。

唯一能真正获得自己希望得到的东西的方式就是放弃对这些东西的需求，并且利用自己的创造力获得这些东西。

正像上述访谈的主持人一样，她不得不放弃一场现场直播才获得了对自己的社区更有用的、更好的访谈。

如果我们紧抓自己的未来计划，不让那些同步时刻或巧合引导我们，我们就是在抵制或拒绝来自高级的自我的指引。

指引随处可见。信念呼唤您在没有有关成功的确凿证据的情况下信任这一指引。

最终，您重获力量。您从承诺将治愈您的人或进程那里收回自己的力量，您选择利用他们而不是需要他们来前行。您的力量有赖于您平衡信念悖论的能力，即使没有证据证明您应该信任他人，也要弄清自己所需并带着意图和目标穿行于人生。学会找寻那些为您指向另一个方向的灵感和巧合。

最后，我们都会遇到一个时刻，那时我们会回顾人生并提出一个问题："我活过吗？"

您的成就不会构成您的答案，您的经历才会给您答案。

您这辈子是随遇而安，还是会抵制那些似乎不在您计划内的神奇时刻？

您毕生致力于自己的目标还是任意挥霍了上天赐予您的大把时光？

您原谅了那些伤害过您的人（包括您自己）了吗？

您给了最好的自己闪耀的机会，还是任由恐惧、自我怀疑或不安埋葬了您的梦想？

您认认真真过了一生还是虚度了此生？

因此，生活过得好不好不取决于你取得怎样的成就，因为您永远也不会感到满意。您永远会树立新的目标，而其中某些目标会跟您一起死亡。

有价值的人生需要您奋力向前。有价值的人生要按照您的想法度过。有价值的人生应当充满安宁与力量。有价值的人生应当充满同理心、爱、服务，能发挥您的想象力，充分实现您的潜能。

相应的回报终将到来。

因为,您拥有所需的力量,没有人能夺走这一力量。

现在,请您发挥想象力。

……

您已经获得了非凡的知识和非凡的力量。它已经赋予您需要知道的一切。您只需了解一个事实,即您需要将某种愿望变成现实。

这一非凡的力量已经跟您分享了它的秘密。

它诚恳地问您:"当下您有何打算?"

当您坐在桌旁凝望苍穹,放眼望去只能看到一望无际的茫茫沙漠,它会问您:"您准备好了吗?"

您无言以对。环望四周,一无所有,只有一片充满各种可能性的空旷。

在您的凝视之下,眼前的景象从沙漠变成了波涛汹涌的大海。

那个声音再次响起:"您准备好了吗?"

就像收到了某种命令,这一景象再次变换,大海变成了直入云霄的摩天大楼,望也望不到头。

天空中的月亮又圆又亮,周围密密匝匝地围了很多小黑点,您知道那是人类驾驶宇宙飞船。

您正目睹人类无穷无尽的进步。

您眼前的景象不断变换,各种可能性循环往复,有些关

解　锁
打破受害者情结

乎人生，有些关乎机遇。人们来了又去。这里有位医生，那里有位看门人。一位老师、一名高尔夫球手、一位音乐家、一位父亲、一位母亲、一名贵族、一位总统、一名治疗师、一名魔术师、一位建筑师、一位诺贝尔奖得主、一位发明家、一名作家、一名歌手、一位雕刻师、一名公务员、一个穷人、一个富人、一个孩子……这一场景变换的速度越来越快。

那个声音再度响起："您准备好了吗？"

您意识到这一声音正要求您做出选择。

根据您现在知道的一切，您会选择什么样的人生呢？

您会再度进入现实，从某个遥远之地，某个有关记忆、有关学习之地而下。

在那里，您所有希望实现的东西都会得以成真。

它要求您带着决绝之心进入现实。您必须主宰自己的人生，主宰自己的胜利和自己的错误。

它要求您为了自己希望实现的东西生活于前因之境。

它要求您抛开过往，让以前的您死亡，让新的您就此诞生。

它要求您拥抱可能性，多说肯定的话，享受过程，这些您都能做得到。

它要求您的人生中充满感激、力量、意志力、激情、目标，当然，还有信念。

它要求您始终希望和相信：虽然生活的挑战会损害您的

信念、爱和同理心,但它们会永远指引您走向最终的成功。

这就是您现在要走的路。

当您步入周围快速变换的景象中时,您告诉自己:"我准备好了。"

面对所有人,面对所有地点,面对所有机遇。

您发现自己拥有了一个躯壳,一种新的人生,一种新的生活和存在的方式。

您向前迈出一步,步入一直在等待您的明天……

那就是今天。

欢迎您步入一个全新的世界。

你们激励了我

我想感谢以下各位,你们对我的激励程度不分先后。在某种程度上,是你们或多或少造就了本书。

斯蒂芬·金(Stephen King),因为您我才希望写作本书,希望像您一样讲故事。现在,我以自己的方式讲了自己的故事。感谢您一直以来笔耕不辍。

兰迪·盖奇(Randy Gage),您从一开始就对本书的创作予以了大师级的指导。您有关本书结构、内容和行文的独到见解及您的友情,使本书的创作远比我单枪匹马更加出色。您督促我不断进取而不要敷衍了事。您的教诲已经影响了我二十多年,而且这种影响仍会持续下去。如今,在您影响之下,本书得以完稿。

史蒂文·富蒂克(Steven Furtick),尽管您并不知情,但您激励了我,使我更善于与人沟通。您的演讲中的说服力和雄辩让我自惭形秽。

罗伯·霍金斯(Rob Horkings)很久以前在报上发布了一则

广告，广告中写道"以百万富翁为师"。此后，我加入了这一行列……

薇姬·麦考恩（Vicki McCown），您是一位杰出的编辑，感谢您确保书中文字的准确性，甚至我想多用一次"棒极了"也得到了您的指正。您在帮我厘清本书的走向方面的技巧和关照令我终生难忘。您使我成为一名更出色的作者。

我的咨询大家庭，我深受你们每个人的鼓励。你们的个性、力量及对成长和扩展的投入使我更为坚定。非常感谢！

我的奇才团队，感谢你们为我带来源源不断的鼓励。因为你们，我才能成为一位更好的咨询师。

我美丽动人的妻子阿莱尼·梅特萨斯（Aleni Matsas），你是我的灵感之源。无论我意气风发还是意志消沉，你始终在我身边。这部书是我心灵的延续，如果没有你，我不可能完成本书的写作。你为我守护着我的空间和意图。这对我来说意味着一切。我爱你们！